工学结合·基于工作过程导向的项目化创新系列教材
国家示范性高等职业教育土建类"十二五"规划教材

十二五

工程造价软件实训教程

（斯维尔版）

U0303403

GONGCHENG

ZAOJIA RUANJIAN SHIXUN JIAOCHENG

主　审　刘冬梅

主　编　倪　超　钱雨辰

副主编　张　妤　徐　敏　吕丹丹

华中科技大学出版社
http://www.hustp.com
中国·武汉

内 容 简 介

本书依照教育部关于高职高专教育土建类专业课程教学基本要求的精神编写而成,所有参加编写的人员均有丰富的建筑专业课教学经验。结合职业教育人才培养定位,本着"必需、够用"的原则,精选了某卫生院为实例工程,同时考虑工程中的应用,融会贯通,特点较为鲜明。

本书依据《建设工程工程量清单计价规范》(GB 50500—2013)和《房屋建筑与装饰工程工程量计算规范》(GB 50854—2013)编写,电算软件采用的是深圳市斯维尔科技有限公司的三维算量(THS-3DA 2014)软件,能够满足高职院校在造价软件实训方面的需求。

本书可作为造价工程相关专业电算学习用书,也可作为岗位培训教材或建设工程相关人员的学习用书。

为了方便教学,本书还配有电子课件等教学资源包,相关教师和学生可以登录"我们爱读书"网(www.ibook4us.com)免费注册下载,或者发邮件至 husttujian@163.com 免费索取。

图书在版编目(CIP)数据

工程造价软件实训教程/倪超,钱雨辰主编.—武汉:华中科技大学出版社,2014.5(2024.1 重印)
ISBN 978-7-5680-0121-2

Ⅰ.①工… Ⅱ.①倪… ②钱… Ⅲ.①建筑工程-工程造价-应用软件-高等职业教育-教材
Ⅳ.TU723.3-39

中国版本图书馆 CIP 数据核字(2014)第 100468 号

工程造价软件实训教程(斯维尔版)　　　　　　　　　　　倪　超　钱雨辰　主编

策划编辑:康　序
责任编辑:康　序
封面设计:李　嫚
责任校对:邹　东
责任监印:张正林
出版发行:华中科技大学出版社(中国·武汉)　　　电话:(027)81321913
　　　　　武汉市东湖新技术开发区华工科技园　　　邮编:430223
录　排:武汉正风天下文化发展有限公司
印　刷:武汉邮科印务有限公司
开　本:787mm×1092mm　1/16
印　张:9.25
字　数:232千字
版　次:2024 年 1 月第 1 版第 6 次印刷
定　价:28.00 元

前言

————● ● ●

本书为"国家示范性高等职业教育土建类'十二五'规划教材"之一,配合教材《建筑工程实训案例图集》进行教学实践。本书主要针对建筑工程预算及工程造价管理等课程教学及学生实践训练的实际需要,介绍了工程预算、工程结(决)算的编制方法及使用清华斯维尔工程预算编制软件的训练要求,同时提供了必要的实训资料。

本书以实用为主,应用所学理论知识解决实际问题,突出高职高专的教学特点及注重学生实践能力的锻炼,内容通俗易懂,注重实用性,以应用为重点,融入了大量的实践体会和经验。

本书主要针对高职高专土建类学生编写,适用于高等专科学校、高等职业技术学校和中等专业技术学校建筑工程技术专业、工业与民用建筑专业、建筑经济与工程造价专业及土建类其他专业造价课程实训,同时也是建筑工程造价初学者进行实践练习的必要资料和参考书。

本书由泰山职业技术学院倪超和钱雨辰担任主编,由安徽工业职业技术学院张妤、甘肃建筑职业技术学院徐敏、山西旅游职业学院吕丹丹担任副主编,由南京科技职业学院刘冬梅担任主审。最后由倪超审核并统稿。在编写过程中,深圳市斯维尔科技有限公司的工程师们提供了不少的实际工程的素材,并结合工程造价人员的实际需求提出了不少的建设性意见,同时在编写过程中参阅了大量的资料和已出版的教材。在此特向他们一并表示衷心的感谢。

为了方便教学,本书还配有电子课件等教学资源包,相关教师和学生可以登录"我们爱读书"网(www.ibook4us.com)免费注册下载,或者发邮件至 husttujian@163.com 免费索取。

限于编者水平,且编写时间有限,书中存在的缺点和错误在所难免,恳请广大读者批评指正!

编　者
2017 年 6 月

目录

● ● ●

模块 1 算 量 思 路

模块 2 建筑工程量

模块1

算量思路

项目 1

算量基本知识

任务 1 建设工程费用的项目组成

建设工程费由直接费、间接费、利润和税金组成（见图1-1）。

图 1-1　建设工程费用项目组成

建设工程费
- 直接费
  - 直接工程费
    - ①人工费
    - ②材料费
    - ③施工机械使用费
  - 措施费
    - ①夜间施工费
    - ②二次搬运费
    - ③大型机械设备进出场及安拆费
    - ④已完工程及设备保护费
    - ⑤施工排水、降水费
    - ⑥冬、雨季施工增加费
    - ⑦专业工程措施项目费
    - ⑧总承包服务费
- 间接费
  - 企业管理费
    - ①管理人员工资
    - ②办公费
    - ③差旅费
    - ④固定资产使用费
    - ⑤工具用具使用费
    - ⑥劳动保险费
    - ⑦工会经费
    - ⑧职工教育经费
    - ⑨财产保险费
    - ⑩财务费
    - ⑪税金
    - ⑫其他
  - 规费
    - ①安全文明施工费：安全施工费、环境保护费、文明施工费、临时设施费
    - ②工程排污费
    - ③社会保障费：养老保险费、失业保险费、医疗保险费、工伤保险费、生育保险费
    - ④住房公积金
    - ⑤危险作业意外伤害保险
- 利润
- 税金

一、直接费

直接费由直接工程费和措施费组成。

1．直接工程费

直接工程费是指施工过程中耗费的构成工程实体的各项费用,包括人工费、材料费、施工机械使用费等。

1）人工费

人工费是指直接从事工程施工的生产工人开支的各项费用,内容包括以下几项。

（1）基本工资:指发放给生产工人的基本工资。

（2）工资性补贴:指按规定标准发放的物价补贴。例如:煤、燃气补贴,交通补贴,住房补贴,流动施工津贴等。

（3）生产工人辅助工资:指生产工人年有效施工天数以外的非作业天数的工资,包括职工学习、培训期间的工资,调动工作、探亲、休假期间的工资,因气候影响的停工工资,女工哺乳时间的工资,病假在六个月以内的工资及产、婚、丧假期的工资。

（4）职工福利费:指按规定标准计提的职工福利费。

（5）生产工人劳动保护费:指按规定标准发放的劳动保护用品的购置费及修理费,徒工服装补贴,防暑降温费,在有碍身体健康环境中施工的保健费用等。

2）材料费

材料费是指施工过程中耗费的构成工程实体的原材料、辅助材料、构配件、零件、半成品的费用。内容包括以下几项。

（1）材料原价（或供应价格）。

（2）材料运杂费:指材料自来源地运至工地仓库或指定堆放地点所发生的全部费用。

（3）运输损耗费:指材料在运输装卸过程中不可避免的损耗。

（4）采购及保管费:指为组织采购、供应和保管材料过程中所需要的各项费用,包括采购费、仓储费、工地保管费和仓储损耗等。

（5）检验试验费:指对材料、构件和安装物进行一般鉴定、检查时所发生的费用,包括自设试验室进行试验所耗用的材料和化学药品等费用。不包括新结构、新材料的试验费和建设单位对具有出厂合格证明的材料进行的检验以及对构件做破坏性试验及其他特殊要求的检验试验的费用。

3）施工机械使用费

施工机械使用费是指施工机械作业所发生的机械使用费以及机械安拆费和场外运费。施工机械台班单价应由下列七项费用组成。

（1）折旧费:施工机械在规定的使用年限内,陆续收回其原值及购置资金的时间价值。

（2）大修理费:施工机械按规定的大修理间隔台班进行必要的大修理,以恢复其正常功能所需的费用。

（3）经常修理费:施工机械除大修理以外的各级保养和临时故障排除所需的费用。其中,包括为保障机械正常运转所需替换设备与随机配备工具附具的摊销和维护费用,机械运转中日常保养所需润滑与擦拭的材料费用及机械停滞期间的维护和保养费用等。

（4）安拆费及场外运费：安拆费指施工机械在现场进行安装与拆卸所需的人工、材料、机械和试运转费用以及机械辅助设施的折旧、搭设、拆除等费用；场外运费指施工机械整体或分体自停放地点运至施工现场或由一施工地点运至另一施工地点的运输、装卸、辅助材料及架线等费用。

（5）人工费：指机上司机（司炉）和其他操作人员的工作日人工费及上述人员在施工机械规定的年工作台班以外的人工费。

（6）燃料动力费：指施工机械在运转作业中所消耗的固体燃料（煤、木柴）、液体燃料（汽油、柴油）及水、电等费用。

（7）车船使用税：指施工机械按照国家规定和有关部门规定应缴纳的车船使用税、保险费及年检费等费用。

2. 措施费

措施费是指为完成工程项目施工，发生于该工程施工前和施工过程中的非工程实体项目的费用。其具体项目见表1-1。

表 1-1　专业工程措施项目费一览表

序　号	项 目 名 称
1	建筑、装饰工程
1.1	混凝土、钢筋混凝土模板及支架费
1.2	脚手架费
1.3	垂直运输机械费
1.4	构件吊装机械费
2	安 装 工 程
2.1	脚手架费
2.2	组装平台费
2.3	设备、管道施工安全、防冻和焊接保护措施费
2.4	压力容器和高压管道的检验费
2.5	焦炉施工大棚费
2.6	焦炉烘炉、热态工程费
2.7	管道安装后的充气保护措施费
2.8	隧道内施工的通风、供水、供气、供电、照明及通信设施费
2.9	格架式抱杆费
3	市 政 工 程
3.1	场地清理费
3.2	中小型机械及生产工具使用费

序　号	项目名称
3.3	施工因素增加费
3.4	混凝土、钢筋混凝土模板及支架费
3.5	脚手架费
3.6	隧道内施工的通风、供水、供气、供电、照明及通信设施费
4	园林绿化工程
4.1	混凝土、钢筋混凝土模板及支架费
4.2	脚手架费

措施费的主要项目分别介绍如下。

(1)夜间施工费:指因夜间施工所发生的夜班补助费、夜间施工降效、夜间施工照明设施摊销及照明用电等费用。

(2)二次搬运费:指因施工现场狭小等特殊情况而发生的二次搬运费。

(3)大型机械设备进出场及安拆费:指机械整体或分体自停放场地运至施工现场或由一个施工地点运至另一施工地点所发生的机械进出场运输转移费用及机械在施工现场进行安装、拆卸所需的人工费、材料费、机械费、试运转费和安装所需的辅助设施的费用。

(4)已完工程及设备保护费:指竣工验收前,对已完工程及设备进行保护所需的费用。

(5)施工排水、降水费:指为确保工程在正常条件下施工,采取各种排水、降水措施降低地下水位所发生的各种费用。

(6)冬、雨季施工增加费:指在冬、雨季施工期间,为保证工程质量,采取保温、防雨措施以及人工、机械降效所增加的费用。

(7)混凝土、钢筋混凝土模板及支架费:指混凝土施工过程中需要的各种钢模板、木模板、支架等的支、拆、运输费用及模板、支架的摊销(或租赁)费用。

(8)脚手架费:指施工需要的各种脚手架搭、拆、运输费用及脚手架的摊销(或租赁)费用。

(9)垂直运输机械费:指工程施工需要的垂直运输机械的使用费。

(10)构件吊装机械费:指混凝土、金属构件等的机械吊装费用。

(11)组装平台费:指为现场组装设备或钢结构而搭设的平台所发生的费用。

(12)设备和管道施工安全、防冻和焊接保护措施费:指为保证设备、管道的施工质量,以及人身安全而采取的措施所发生的费用。

(13)压力容器和高压管道的检验费:指为保证压力容器和高压管道的安装质量,根据有关规定对其检测所发生的费用。

(14)焦炉施工大棚费:指为改善施工条件、保证施工质量,搭设的临时性大棚所发生的费用。

(15)焦炉烘炉、热态工程费:指为烘炉而发生的砌筑、拆除、热态劳动保护等所发生的费用。

(16)管道安装后的充气保护措施费:指对于洁净度要求高的管道,在使用前实施充气保护所发生的费用。

(17)隧道内施工的通风、供水、供气、供电、照明及通信设施费:指为满足隧道内施工的要求,临时设置的通风、供水、供气、供电、照明及通信设施所发生的费用。

(18)格架式抱杆费:指为满足安装工程吊装的需要而发生的格架式抱杆使用费。

(19)市政工程场地清理等费用:指市政工程定位复测,工程点交、场地清理等费用。

(20)市政工程中小型机械及生产工具使用费:指市政工程施工生产所需的单位价值在2 000元以下的中小型机械及工具用具的使用费。

(21)市政工程施工因素增加费:指具有市政工程的施工环境特点、又不属于临时设施范围,并在施工前可预见的因素所发生的费用。包括开工登报,防行车、行人干扰的一般措施及路面保护措施、地下工程的接头交叉处理与恢复措施,因不断绝交通而降低工效所发生的费用,以及因场地狭小等特殊情况而发生的材料二次搬运费,该项费用分省辖地级市建成区、县级市建成区、县城及镇建成区三类层次,无交通干扰的未建成区施工工程不得计取该项费用。

(22)总承包服务费:指总承包人为配合协调发包人进行的工程分包、自行采购的设备、材料等进行的管理、服务以及施工现场的管理、竣工资料汇总整理等服务所需的费用。

二、间接费

间接费由规费、企业管理费组成。

1. 规费

规费是指根据国家、省级有关行政主管部门规定必须计取或缴纳的,应计入工程造价的费用。其内容包括以下几项。

1)安全文明施工费

(1)安全施工费:指按《建设工程安全生产管理条例》规定,为保证施工现场安全施工所必需的各项费用。

(2)环境保护费:指施工现场为达到环保部门要求所需的各项费用。

(3)文明施工费:指施工现场文明施工所需的各项费用。

(4)临时设施费:指施工企业为进行建设工程施工所必须搭设的生活和生产用的临时建筑物、构筑物和其他临时设施费用等。

● 临时设施包括:临时宿舍、文化福利及公用事业房屋与构筑物、仓库、办公室、加工厂以及规定范围内道路、水、电、管线等临时设施和小型临时设施。

● 临时设施费用包括:临时设施的搭设、维护、拆除费或摊销费。

2)工程排污费

工程排污费是指施工现场按规定缴纳的工程排污的费用。

3)社会保障费

社会保障费是指企业按照国家规定标准为职工缴纳的社会保障费用,包括养老保险费、失业保险费、医疗保险费、工伤保险费和生育保险费等。

4)住房公积金

住房公积金是指企业按规定标准为职工缴纳的住房公积金。

5)危险作业意外伤害保险

危险作业意外伤害保险是指按照建筑法规定,企业为从事危险作业的施工人员支付的意外伤害保险费。

2.企业管理费

企业管理费是指建设工程施工企业组织施工生产和经营管理所需的费用。其内容包括以下几项。

(1)管理人员工资:指管理人员的基本工资、工资性补贴、职工福利费、劳动保护费等。

(2)办公费:指企业管理办公用的文具、纸张、账表、印刷、邮电、书报、会议、水电、烧水和集体取暖(包括现场临时宿舍取暖)用煤等费用。

(3)差旅交通费:包括职工因公出差、调动工作的差旅费、住勤补助费,市内交通费和误餐补助费,职工探亲路费,劳动力招募费,职工离退休、退职一次性路费,工伤人员就医路费,工地转移费以及管理部门使用的交通工具的油料、燃料、养路费及牌照费等。

(4)固定资产使用费:指管理和试验部门及附属生产单位使用的属于固定资产的房屋、设备仪器等的折旧、大修、维修或租赁费。

(5)工具用具使用费:指管理使用的不属于固定资产的生产工具、器具、家具、交通工具和检验、试验、测绘、消防用具等的购置、维修和摊销费。

(6)劳动保险费:指由企业支付离退休职工的异地安家补助费、职工退职金、六个月以上的病假人员工资、职工死亡丧葬补助费、抚恤费、按规定支付给离休干部的各项经费。

(7)工会经费:指企业按职工工资总额计提的工会经费。

(8)职工教育经费:指企业为职工学习先进技术和提高文化水平,按职工工资总额计提的费用。

(9)财产保险费:指施工管理用的财产、车辆保险。

(10)财务费:指企业为筹集资金而发生的各种费用。

(11)税金:指企业按规定缴纳的房地产税、车船使用税、土地使用税、印花税等。

(12)其他:包括技术转让费、技术开发费、业务招待费、绿化费、广告费、公证费、法律顾问费、审计费、咨询费等。

三、利润

利润是指施工企业完成所承包工程获得的盈利。

四、税金

税金是指国家税法规定的应计入工程造价内的营业税、城市维护建设税及教育费附加等。

任务 2 建设工程费用计算程序

一、定额计价计算程序

定额计价计算程序见表1-2。

表 1-2　定额计价计算程序

序号	费用项目名称	计算方法
一	直接费	(一)+(二)
	(一) 直接工程费	$\sum${工程量×$\sum$[(定额工日消耗数量×人工单价)+(定额材料消耗数量×材料单价)+(定额机械台班消耗数量×机械台班单价)]}
	计费基础 JF_1	按表1-3计算
	(二) 措施费	1.1+1.2+1.3+1.4
	1.1 参照定额规定计取的措施费	按定额规定计算
	1.2 参照省发布费率计取的措施费	计费基础 JF_1×相应费率
	1.3 按施工组织设计(方案)计取的措施费	按施工组织设计(方案)计取
	1.4 总承包服务费	专业分包工程费(不包括设备费)×费率
	计费基础 JF_2	按表1-3计算
二	企业管理费	(JF_1+JF_2)×管理费费率
三	利润	(JF_1+JF_2)×利润率
四	规费	4.1+4.2+4.3+4.4+4.5
	4.1 安全文明施工费	(一+二+三)×费率
	4.2 工程排污费	按工程所在地设区市相关规定计算
	4.3 社会保障费	(一+二+三)×费率
	4.4 住房公积金	按工程所在地设区市相关规定计算
	4.5 危险作业意外伤害保险	按工程所在地设区市相关规定计算
五	税金	(一+二+三+四)×税率
六	工程费用合计	一+二+三+四+五

表1-2的计算程序说明如下。

(1)计费基础及其计算方法见表1-3。

表 1-3　计费基础和计算方法

专业工程名称	计费基础		计算方法
建筑工程	计费基础 JF₁	直接工程费	工程量×省基价
市政工程、市政养护维修工程		人工费＋机械费	$\sum\{$工程量$\times\sum[$（定额工日消耗数量×省价人工单价）＋（定额机械台班消耗数量×省价机械台班单价）$]\}$
装饰、安装、园林绿化、房屋修缮工程		人工费	$\sum[$工程量×定额工日消耗数量×省价人工单价$]$
建筑工程	计费基础 JF₂	措施费	按照省价人、材、机单价计算的措施费与按照省发布费率及规定计取的措施费之和
市政工程、市政养护维修工程		人工费＋机械费	措施费中按照省价人机单价计算的人机费和按照省发布费率及其规定计算的措施费中人机费之和
装饰、安装、园林绿化、房屋修缮工程		人工费	措施费中按照省价人工单价计算的人工费和按照省发布费率及其规定计算的措施费中人工费之和

（2）有关措施费的说明。

① 参照定额规定计取的措施费是指消耗量定额中列有相应子目或规定有计算方法的措施项目费用。例如：建筑工程中混凝土、钢筋混凝土模板及支架费、混凝土泵送费、脚手架费、垂直运输机械费、构件吊装机械费等；安装工程中施工现场临时组装平台费、格架式金属抱杆、球罐焊接防护棚、脚手架费等。

 注意

本类中的措施费有些要结合施工组织设计或技术方案计算。

② 参照省发布费率计取的措施费是指按省建设行政主管部门根据建筑市场状况和多数企业经营管理情况、技术水平等测算发布的参考费率的措施项目费用，包括夜间施工及冬雨季施工增加费、二次搬运费以及已完工程及设备保护费等。

③ 按施工组织设计（方案）计取的措施费是指按施工组织设计（技术方案）计算的措施项目费用。例如：大型机械的进出场费用及安拆费用；施工排水、降水费用；设备、管道施工安全、防冻和焊接保护措施以及按拟建工程实际需要采取的其他措施性项目费用等。

④ 措施费中的总承包服务费不计入计费基础 JF₂，并且不计取企业管理费和利润。

（3）房屋修缮工程中的土建、二次装修工程材料费应在按定额规定计算出的材料费的基础上，乘以系数 1.01。

二、工程量清单计价计算程序

工程量清单计价计算程序见表 1-4。

表 1-4　工程量清单计价计算程序

序号	费用项目名称	计 算 方 法
一	分部分项工程费合价	$\sum_{i=1}^{n} J_i \times L_i$
	分部分项工程综合单价(J_i)	1.1＋1.2＋1.3＋1.4＋1.5
	1.1 人工费	清单项目每计量单位 $\sum$（工日消耗量×人工单价）
	1.1′ 人工费	清单项目每计量单位 $\sum$（工日消耗量×省价人工单价）
	1.2 材料费	清单项目每计量单位 $\sum$（材料消耗量×材料单价）
	1.2′ 材料费	清单项目每计量单位 $\sum$（材料消耗量×省价材料单价）
	1.3 施工机械使用费	清单项目每计量单位 $\sum$（施工机械台班消耗量×机械台班单价）
	1.3′ 施工机械使用费	清单项目每计量单位 $\sum$（施工机械台班消耗量×省机械台班单价）
	1.4 企业管理费	计费基础 JFQ_1×管理费费率
	1.5 利润	计费基础 JFQ_1×利润率
	分部分项工程量(L_i)	按工程量清单数量计算
二	措施项目费	$\sum$ 单项措施费
	单项措施费	（1）按费率计取的措施费：计费基础 JFQ_2×措施费费率×[1＋H×（管理费费率＋利润率）] （2）参照定额或按施工方案计取的措施费：措施项目的人、材、机费之和＋计费基础 JFQ_3×（管理费费率＋利润率）
三	其他项目费	3.1＋3.2＋3.3＋3.4（结算时 3.2＋3.3＋3.4＋3.5＋3.6）
	3.1 暂列金额	按省清单计价规则规定
	3.2 特殊项目费用	按省清单计价规则规定
	3.3 计日工	按省清单计价规则规定
	3.4 总承包服务费	专业分包工程费（不包括设备费）×费率
	3.5 索赔与现场签证	按省清单计价规则规定
	3.6 价格调整费用	按省清单计价规则规定
四	规费	4.1＋4.2＋4.3＋4.4＋4.5
	4.1 安全文明施工费	（一＋二＋三）×费率
	4.2 工程排污费	按工程所在地设区市相关规定计算
	4.3 社会保障费	（一＋二＋三）×费率
	4.4 住房公积金	按工程所在地设区市相关规定计算
	4.5 危险作业意外伤害保险	按工程所在地设区市相关规定计算
五	税金	（一＋二＋三＋四）×税率
六	工程费用合计	一＋二＋三＋四＋五

表 1-4 的计算程序说明如下。

（1）计算基础 JFQ_1。

① 建筑工程为 $(1.1'+1.2'+1.3')$。

② 市政工程、市政养护维修工程为 $(1.1'+1.3')$。

③ 装饰、安装、园林绿化、房屋修缮工程为 $1.1'$。

（2）计算基础 JFQ_2。

① 建筑工程为按省价计算的分部分项工程费合计中的人、材、机费之和。

② 市政工程、市政养护维修工程为按省价计算的分部分项工程费合计中的人机费。

③ 装饰、安装、园林绿化、房屋修缮工程为按省价计算的分部分项工程费合计中的人工费。

（3）计算基础 JFQ_3。

① 建筑工程为按省价计算的措施项目的人、材、机费之和。

② 市政工程、市政养护维修工程为按省价计算的措施项目的人机费。

③ 装饰、安装、园林绿化、房屋修缮工程为按省价计算的措施项目的人工费。

（4）按费率计取的措施费公式中的 H。

① 建筑工程为 1.0。

② 市政工程、市政养护维修工程为措施费中的人机费含量。

③ 装饰、安装、园林绿化、房屋修缮工程为措施费中人工费含量。

各具体含量可参见各省制订的建设工程费用费率中措施费的费率说明。

任务 3 算量思路

一、建筑工程量计算思路

手工算量时，既要读图，提取数据，又要熟悉当地的计算规则，分析构件之间的关系，提取扣减量。例如，计算砌体墙体积工程量，手工计算时，常先按轴线净长减去柱子所占的宽度得出墙体长度，乘以墙高计算出墙面积，扣减墙上单个面积大于 $0.3\ \mathrm{m}^2$ 的门窗、孔洞，再乘以墙厚得到墙的体积，之后扣减过梁等的体积。光是墙的工程量计算就需要提取大量的数据组合成计算式。

而运用软件进行建筑算量的思路，则是按照以上构件类型建立工程预算模型，并对各构件挂接清单、定额做法，由软件根据清单、定额所规定的工程量计算规则提取模型的各种工程量数据，最后按一定的归并条件统计出建筑工程量。

对于前面所讲的墙体积工程量，当墙的模型建立好后，墙长、墙厚等的值会转变为软件中的变量。墙上的门窗洞口、过梁等模型建立好后，也会生成相应的属性变量，如洞宽、洞高、洞厚、过梁长、过梁宽、过梁高等。这些变量自动按照软件内置的计算规则组合成工程量计算式,最终得出墙的体积工程量。在软件中,计算规则是完全开放的,算量过程有据可查,规则变更随时调整,真正满足了用户多样的算量要求。例如,墙体积扣减洞口、过梁体积等的计算规则,结合洞口面积大于 0.3 m² 时才扣减的参数规则,就能满足墙体积工程量的计算要求。如果软件提供的工程量仍无法满足使用者的要求,使用者还可以利用软件提供的构件属性变量自行组合成工程量计算式,软件还会提供构件与构件之间的各种中间变量,以满足各种扣减需要。利用软件算量,不仅可以将烦琐的数据提取工作交给软件去完成,还可以依据软件中详细的计算规则快速计算出构件的工程量,并且计算过程公开、可改,与手工算量追求精、准、细的目标达成一致。

综上所述,算量软件的整体算量思路就是利用算量软件的"虚拟施工"可视化技术建立构件模型,在生成模型的同时提供构件的各种属性变量与变量值,并按计算规则自动计算出构件工程量。

不论是手工计算还是用软件计算工程量,都需要遵循一定的算量流程。算量流程首先分析房屋,任何建筑物都由楼层单元构成,算量时也是按照不同的楼层分别进行计算,如某工程分为地下室或底层、标准层、顶层等。算量流程其次分析构件,每一楼层都由各种类型的构件组成,建筑物的构件类型基本上分为基础构件、主体构件、装饰构件和其他构件等几大部分(见表1-5),它们之间的工程量相互依赖,又相互制约。

表 1-5 建筑物的构件类型

类　　型		构 件 名 称
基础构件		桩基础(承台)、独立基础、条形基础(基础墙)、满堂基础等
主体构件		柱、梁、墙、板、门窗、过梁、圈梁、构造柱等
装饰构件	室内装饰	地面、踢脚、墙裙、墙面、天棚等
	室外装饰	外墙裙、外墙面等
其他构件	室内构件	楼梯、栏杆扶手、水池等
	室外构件	台阶、散水、阳台和花台等

按照以上的楼层划分与构件分类,依次在软件中建立模型,即可用软件计算建筑工程量。

二、钢筋工程量计算思路

手工计算钢筋时,计算钢筋的所有信息都是从结构图和结构说明中获得的,通过与结构中的有关构件的基本数据结合,再遵循结构规范、构造,确定钢筋在各类构件内的锚固、搭接、弯钩长度,以及保护层厚度等,计算出每根钢筋的长度,然后根据不同钢筋的比重计算出相应的钢筋质量。最后将钢筋质量按级别、直径等条件进行归并统计,制作各类报表。

运用软件进行钢筋算量的思路,是通过在软件中建立三维建筑模型,按照结构图的设计要求,给各种类型的构件布置钢筋,由软件提取构件基本数据,并结合软件内置好的钢筋标准及规范来确定钢筋的锚固、搭接、弯钩、比重值、保护层厚度、钢筋计算方法等计算出钢筋长度与质量,最后按一定的归并条件统计出钢筋工程量。

例如,用软件计算梁筋,首先必须在界面上建立梁的模型,如果之前计算建筑工程量时已经建立了梁的模型,则可以直接利用梁的模型来布置梁筋。布置梁筋时软件要求应符合平法标准的输入规则,在图面上按设计要求输入梁筋对应的各项数据,并将钢筋布置到梁上后,软件就会自动按照钢筋的有关规定进行精确的计算。并且每条钢筋的计算公式都能详尽显示在表格中,钢筋的计算过程完全公开,数据详尽,核对方便。软件中内置了详细的计算规则,所有的规则都默认按照规范和标准设置,并且开放给使用者可供查询与修改。如果实际工程中个别节点不是按照平法标准设计的,则可以通过调整钢筋的计算规则来实现特殊钢筋的计算。钢筋工程量的统计条件是开放的,可以按照各种需要将钢筋工程量分级别和直径进行汇总。此外,软件还提供了按各种要求的钢筋报表,如钢筋汇总表、钢筋明细表、接头汇总表等,钢筋简图可以输出到报表中。

除了在图形上布置钢筋的方式外,软件还提供了参数法钢筋算量的方式。对于一些简单的、重复的、没有扣减关系的钢筋布置,可以不用建立模型,直接在参数表格中按照施工图输入各项钢筋的参数,软件也会按照所输入的参数进行钢筋工程量的计算。

钢筋部分大致分为柱筋、梁筋、墙筋、板筋、基础钢筋及其他构件钢筋。一般柱、梁、墙、板、基础等大部分构件的钢筋可以用图形法快速计算;而楼梯和零星构件或其他较简单的构件则可以用参数法计算钢筋。不论是图形法还是参数法,软件对于各类构件中的钢筋都是严格按照标准规定来计算的。软件中集成了 11G101 系列图集规则,能最大限度满足用户的算量需求。

任务 4 算量流程

运用算量软件完成一栋房屋的算量工作基本上遵循如图 1-2 所示的工作流程。

按照这个工作流程,灵活运用软件,将会给工作带来很大的便利。

任务 5 实例工程概况

泰山职业技术学院卫生院位于泰山职业技术学院校园西北部,实验实训楼以北。建筑面积为 1 026.40 m²,为框架结构。地上三层,建筑高度 12.64 m,本工程最高处为一个框架,地下室与首层的地坪高差正好是地下室的层高。如图 1-3 所示的是利用算量软件建立的卫生院算量模型。

该卫生院的施工图纸由建筑施工图(简称建施图)与结构施工图(简称结施图)组成,其中建

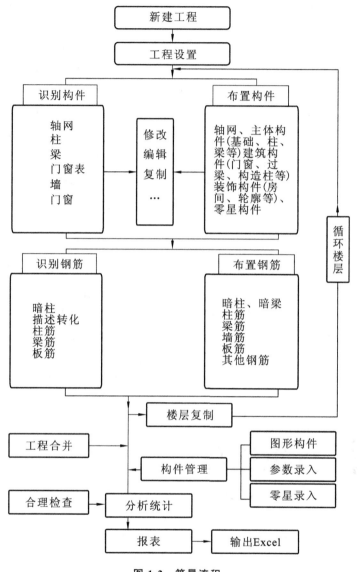

图 1-2　算量流程

施图 13 张,结施图 25 张(详见《建筑工程实训案例图集》,邵荣振、张子学、朱帅主编)。在建立工程模型时,可以用手工建模的方式逐步建立各个构件,也可以利用软件的智能识别功能,对柱、梁平面图上的构件进行识别,以加快建模速度。

　　为了获得更好的教学效果,本书中对原施工图进行了一些调整,增加了一些构件类型。在讲解过程中,如果上述工程中没有的,但其他工程中常见的问题,会在"其他场景"中进行讲解。该实例工程在书中统一简称为"本工程"。

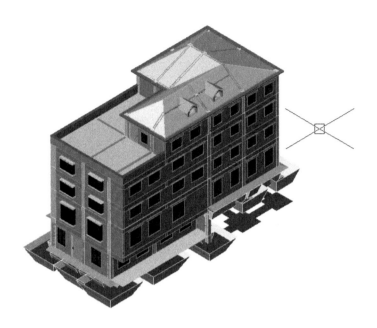

图 1-3　卫生院模型

模块2

建筑工程量

MOKUAI 2
JIANZHU GONGCHEGLIANG

项目 2

算量软件操作概述

任务 1 使用软件计算建筑工程量的工作流程

运用算量软件计算一栋房屋的工程量大致分为以下几个步骤。

(1) 第一步 新建工程项目。

(2) 第二步 工程设置。

(3) 第三步 建立工程模型。

(4) 第四步 挂接做法。

(5) 第五步 校核、调整图形与计算规则。

(6) 第六步 分析统计。

(7) 第七步 输出、打印报表。

其中，工程模型的建立又分为手工和识别两种方式。有电子施工图时，可导入电子图文档进行构件识别，目前软件可以识别的构件有轴网、基础、柱(暗柱)、梁、墙与门窗。没有电子施工图或者软件无法进行识别的构件，则通过软件提供的构件布置功能手工布置构件。

任务 2 实例工程分析

本工程共由 3 个层面组成，基础、地下室为一层，地下室之上有两层。表 2-1 中列出了该工程中各楼层包含的构件。

表 2-1　各楼层中包含的构件

构件类型 楼层	基础	主体结构	装饰	其他
地下室	独立基础、基础梁	柱、梁、混凝土挡土墙、砌体墙、板、门窗、过梁	勒脚、外墙面、踢脚、内墙裙、内墙面、地面、天棚	散水、脚手架
1 层	独立基础、基础梁	柱、梁、砌体墙、砼墙、板、门窗、过梁	外墙裙、外墙面、踢脚、内墙裙、内墙面、独立柱装饰、地面、天棚	散水、楼梯、脚手架、雨棚、台阶
2 层	—	柱、梁、砌体墙、砼墙、板、门窗、过梁	外墙裙、外墙面、踢脚、内墙裙、内墙面、地面、天棚	楼梯、脚手架
出屋顶楼层	—	柱、梁、砌体墙、女儿墙、板、门窗、过梁	外墙裙、外墙面、踢脚、内墙裙、内墙面、地面、天棚	脚手架、老虎窗、檐沟

本工程是一个框架工程,房屋的基础是要单独设置一层的。

用手工建工程模型时,本书遵循以下流程。

(1) 遵循先定义编号后布置构件的原则。

(2) 先确定基础、柱、墙、梁等骨架形构件在预算图中的位置。

(3) 根据这些骨架构件所处位置和封闭区域,确定板、房间装饰等区域形构件和门窗洞口、过梁等寄生类构件。

(4) 布置其他零星构件。

练一练

(1) 运用算量软件计算建筑物工程量的步骤是什么?

(2) 在软件中,哪些构件可以使用识别电子图的方式创建?

(3) 本工程的构件类型有哪些?

(4) 手工建模时应遵循的原则有哪些?

任务 3 操作约定

在解释实例的一些操作时,本书中只对一种操作方式进行详细说明,这样能让学习者有条理的理解和掌握书中讲解的操作内容。按约定方式正确操作会减少或杜绝因操作不当而造成的失误或者重大错误。当然,用户掌握了一种正确的操作方式后,今后也可以按自己的习惯选择使用另一种方式进行软件操作,只要用户觉得方便就行。

下面简单介绍本书涉及的一些操作术语。

● **界面**:THS-3DA 2014 软件的屏幕界面。

● **对话框**:执行某个功能命令后,界面中弹出的用于输入和指定设置内容的图框。

- 光标:指屏幕界面上随鼠标移动的箭头形、十字形或其他形状的图标。
- 鼠标:指操作光标的硬件设备。

 小技巧

滚动鼠标中间的滚轮:向前滚动可放大界面上的图形,向后滚动可缩小图形,按住滚轮时界面上的光标变为手形,按住滚轮的同时拖曳鼠标可移动界面上的图形。

- 点击:单击鼠标左键。
- 双击:连续 2 次间隔时间不大于 0.5 秒,快速点击鼠标左键。
- 点击右键:简称右击,即单击鼠标右键。
- 拖曳:按住鼠标左键或右键不松开的同时移动鼠标。
- 回车:指按回车(Enter)键,用于在计算机中指执行命令。
- 组合键:指在键盘上同时按下两个或多个键。
- 单选(点选):用光标单(点)选目标时,光标会变为一个"口"字形。
- 框选:用光标在界面中拖曳出一个范围框选目标,框选目标时光标拖曳轨迹为矩形框的对角线,框选时光标会变成一个"十"字形。
- 多段线选择:在界面中绘制连续不断封闭线的方式对区域进行选择。
- 尺寸输入:除特殊说明外,标高以 m(米)为单位,其余均以 mm(毫米)为单位。
- 角度输入:角度输入均使用角度形式。
- 坡度输入:坡度输入均使用小数形式。
- 技巧、提示、注意等内容:书中有大量的小技巧、温馨提示、注意事项等内容,是广大用户多年经验的总结,学习这些内容能提高使用者对软件的操作水平。
- 对话框、定义界面:THS-3DA 有些同类型的功能都集成在一个对话框或定义界面内。本书在介绍时,相同操作方式的器件布置和定义说明将不重复展示对话框或定义界面,用户可参考相关图示。
- 经典模式:在 THS-3DA 2010 版本内使用 THS-3DA 2008 版本的界面和操作对话框。
- 源器件:提供信息资源的器件。
- 目标器件:接受信息资源的器件。
- 源楼层:提供信息资源的楼层。
- 目标楼层:接受信息资源的楼层。

项目 3

新建工程项目

任务 1 新建工程项目

运行算量软件,弹出如图 3-1 所示的"启动提示"对话框,在对话框中选择启动软件使用的 AutoCAD 版本。如果在下次启动时用户不想出现此对话框,可选中"下次不再提问"复选框,则下次启动时就不会再出现此窗口。此处选择 AutoCAD 2010 版本。

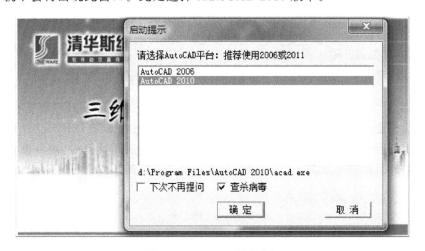

图 3-1 AutoCAD 版本选择

选择完成后,点击"确定"按钮,弹出"打开工程"对话框,如图 3-2 所示。

在此对话框中,可以在"最近工程"栏中选择以前使用此软件操作过的工程,点击"打开"按钮即可打开以前操作过的工程模型。软件中可以保存 5 个操作模型。

点击"新建工程"按钮,弹出如图 3-3 所示的"新建工程"对话框,在此对话框中可以选择工程模板,并可以指定工程存储路径,工程默认的存储路径是软件安装路径下的"2010"文件夹。然后在"新建工程名"文本框中输入文件名,将其命名为"例子工程"。

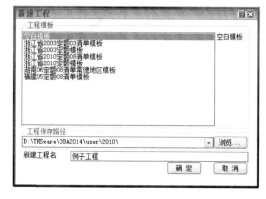

图 3-2　"打开工程"对话框　　　　　　　　　图 3-3　新建工程

点击"确定"按钮,一个新的工程项目就建立完成了。在随后弹出的"工程设置"对话框中,可以设置工程的各种相关参数。

任务 2　工程设置

命令:选择"工程"→"工程设置"命令。
参考图纸:建施-01(建筑设计说明)、结施-01(结构设计说明)、建施-10(1—1 剖面图)。

完成新建工程后,软件会自动进入"工程设置"对话框。不论是采用手工建模还是识别建模,也不论是计算建筑工程量还是计算钢筋工程量,都必须先依据施工图纸设置好工程的各种相关参数。在"工程设置"对话框中包含 6 个方面的内容,包括计量模式、楼层设置、结构说明、工程特征、标书封面和钢筋标准。其中,钢筋标准是与计算钢筋工程量有关的设置。

一、计量模式的设置

计量模式中,关键是输出模式和计算依据的设置。

输出模式有定额模式和清单模式两种。"定额模式"是指按定额子目与定额计算规则输出建筑工程量,必须给构件挂接相应的定额子目;"清单模式"是指按工程量清单项目与清单计算规则输出建筑工程量,必须给构件挂接相应的清单项目。本工程采用"清单模式"。

在"计算依据"选项组中,在"清单名称"文本框中选择"国标清单(山东 2003)"选项,然后在

"定额名称"文本框中选择"山东省建筑工程消耗量定额(2003)"为例。

"应用范围"选项组用于设置是否计算钢筋工程量和进度工程量。"钢筋计算"复选框是算量专业版提供的功能,如果用户使用的是标准版,则没有"钢筋计算"模块。"进度管理"是企业版提供的功能,其他版本暂未提供。

"计算精度"按钮用于调整工程量的计算精度,点击"计算精度"按钮,在弹出的对话框中调整各类工程量的计算精度即可,一般情况下无须调整。

"导入工程"按钮用于导入一个其他工程的数据,包括计算规则、工程量输出设置、钢筋选项和算量选项等的数据。

设置完毕的"工程设置:计量模式"窗口如图 3-4 所示。点击"下一步"按钮,进入"楼层设置"页面。

图 3-4 "工程设置:计量模式"窗口

注意事项

当用户选择清单模式或定额模式时,如果在"计算依据"选项组中没有确定"清单名称"或"定额名称",则点击"完成"按钮时将弹出对话框,提示"清单库/定额库没有设置,这会导致做法部分的功能无法使用,是否继续"。此是提醒用户应正确设置计算依据,否则软件无法正确输出工程量。

练一练

(1) 工程设置包含哪几部分内容?

(2) 如果不设置"计算依据"会造成什么后果?

(3) 如果工程量计算要精确到小数点后两位,在软件中应如何设置?

二、楼层设置

在"楼层设置"页面中主要是设置有关构件高度的数据信息,如柱、墙、梁等。系统默认的有"基础"和"首层"。依据1—1剖面图,在本工程中,地下室的室内地坪标高为±0(正负零),由于实例工程较小,并且为了计算方便,这里将基础与地下室作为一个楼层设置,因此这里需要将基础层改成地下室。点击基础层"楼层名称"列中的下拉按钮,选择"地下室"选项。接着设置"地下室"的"层高"为4.2 m。

"首层"是软件的系统层,不能被删除,也不能更改其名称。一般情况下,可以把"首层"作为"1层"。首层的层底标高决定了其他楼层的层底标高,例如将首层的层底标高改成3.9 m,可以发现地下室的层底标高自动变成了0.000 m。

点击"添加"按钮或按↑键,依次添加第2层、第3层,将第3层的楼层名称改为"出屋顶楼层",层高为3 m。

"标准层数"用于设置相同楼层的数量,在统计工程量时,软件会用标准层数乘以单个标准层的工程量得出标准层的总工程量。本工程中,各楼层的"标准层数"都为1,"标准层数"不能设为0,否则该层工程量统计结果为0。"层接头数量"用于确定墙柱等竖向钢筋的绑扎接头的计算。机械连接的钢筋接头系统默认为按每楼层一个接头计算,这里不能设置。按照深圳计算规则,本工程每隔一层算一个绑扎接头,则分别设置首层和第3层的"层接头数量"为0,其他楼层的层接头数量为1。如果层接头数量设为0,则不计算本层的竖向钢筋绑扎接头。

"正负零距室外地面高(mm)-SGW"文本框用于设置正负零距室外地面的高差值,为必填项。此值用于挖基础土方的深度控制,如果基础坑槽的挖土深度设置为"同室外地坪",则坑槽的挖土深度就是取本处设置的室外地坪高到基础垫层底面的深度。"超高设置(S)"按钮用于设置柱、梁、墙、板的支模高度的超高标准,常用于计算超高工程量。这里假设柱的标准高度为3 600 mm,梁的标准高度为5 000 mm,板的标准高度为4 500 mm,墙的标准高度为3 600 mm。设置完毕的"工程设置:楼层设置"页面如图3-5所示。

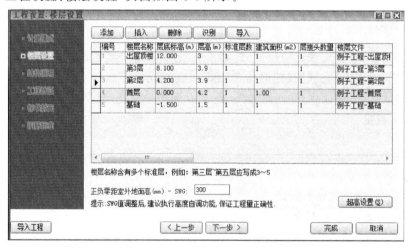

图3-5 "工程设置:楼层设置"页面

温馨提示

在楼层表中,建议按结构标高来设置层高。

 小技巧

在定义楼层名称时,最好是将楼层名称设置为与施工图内的柱、梁、墙、板等表格中的楼层标注的名称相同,这样在使用表格钢筋功能识别钢筋时,便于程序自动匹配楼层。

 注意事项

"正负零距室外地面高(mm)-SWG"只能用于设置一个室外地坪的高差,类似于本工程的这种框架,软件无法判定首层的室外地坪与室内地坪的高差,在计算首层下的基础土方时,其挖土深度要特殊处理,不能取设置其与室外地坪相同。

练一练

(1)添加楼层的方法有哪些,如果要将基础与地下室分开设置楼层,应该怎么设置?

(2)地下室的层底标高是否需要设置?

(3)如果某个高层建筑共有 15 层,其中地下室 2 层,裙楼 4 层,标准层 8 层,屋顶层一层,其楼层表应如何设置?

(4)如果某个工程,层接头数量隔一层计算一次,楼层表应如何设置?

三、工程特征

在图 3-5 所示的界面中,点击"下一步"按钮,进入如图 3-6 所示的"工程设置:工程特征"设置页面。在该页面中对工程的一些全局特征进行设置。填写栏中的内容可以从下拉列表中选择,也可以直接填写合适的值。在这些属性中,用蓝色标识的属性为必填的属性,其中钢丝网的设置选项用于计算钢丝网的工程量,如果将"是否计算钢丝网"的属性值设置为"否",软件就不会计算钢丝网的工程量。本工程中不计算墙体防裂钢丝网,因此该属性值设置为"否"。软件会自动根据"结构特征"、"土壤类型"、"运土距离"等属性值生成清单的项目特征,作为统计工程量的归并条件之一。这里需要按工程的实际情况进行填写,本书中没有提供例子工程的施工组织资料,大家可以任意设置,以便练习。

"地下室水位深"的属性值会影响挖土方中的挖湿土体积的计算。如果地下室水位深为 800 mm,而在楼层设置中室内外地坪高差为 300 mm,则地下室水位的标高为 -1.100 m。如果基础深度在这以下,则在计算挖基础土方时软件会自动计算湿土的体积。

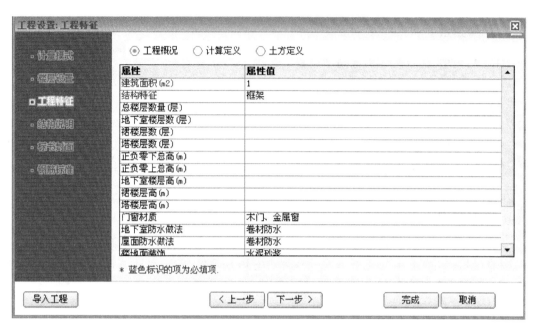

图 3-6 "工程设置:工程特征"页面

小技巧

有时可以利用"地下室水位深"参数来区分是挖坚土还是普通土,或者区分是挖土还是岩石。

练一练

工程设置中设置哪些选项会影响基础挖土方工程量的计算?

四、结构说明

在图 3-6 所示页面中点击"下一步"按钮,进入如图 3-7 所示的"工程设置:结构说明"页面。"工程设置:结构说明"页面用于设置整个工程的混凝土材料等级、砌体材料,以及抗震等级、浇捣方法等。需要注意的是,在设置结构页面之前,必须先设置好楼层设置页面。

"工程设置:结构说明"页面中有 4 个选项卡,下面以"砼材料设置"选项卡为例进行介绍。首先按照结构设计总说明,在页面中设置构件的混凝土强度等级。

"砼材料设置"选项卡中,需要设置的项目包括"楼层"、"构件名称"、"材料名称"、"强度等级"以及"搅拌制作"等。点击单元格中的下拉按钮,会弹出相应的选择对话框或下拉菜单,如图 3-8 至图 3-10 所示。

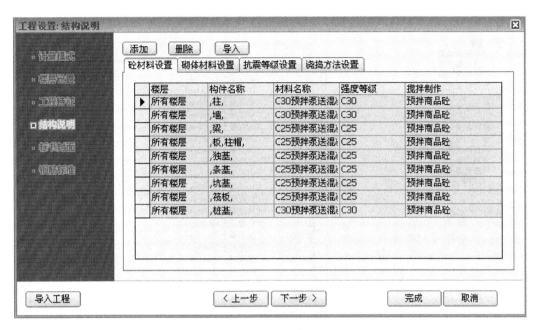

图 3-7 "工程设置:结构说明"页面

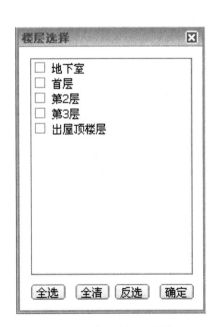

图 3-8 "楼层选择"对话框

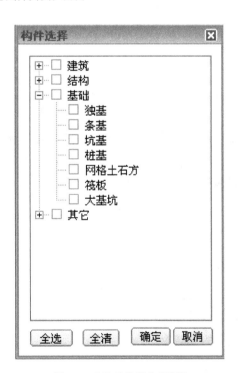

图 3-9 "构件选择"对话框

设置完成的"砼材料设置"选项卡如图 3-11 所示。

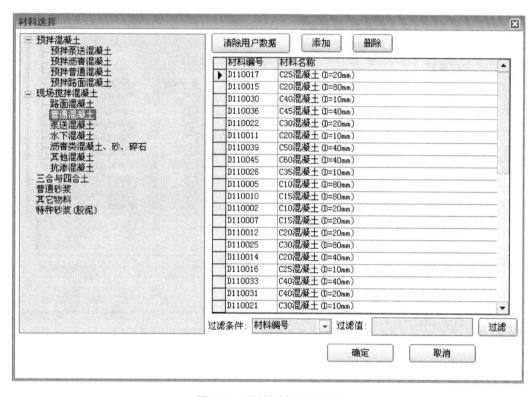

图 3-10 "材料选择"对话框

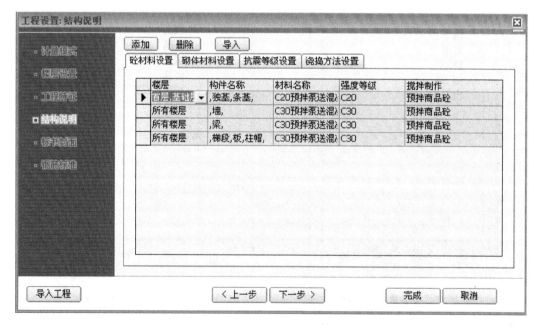

图 3-11 "砼材料设置"选项卡

类似的,按建筑设计总说明,在"砌体材料设置"选项卡中设置砌体墙材料如图 3-12 所示。

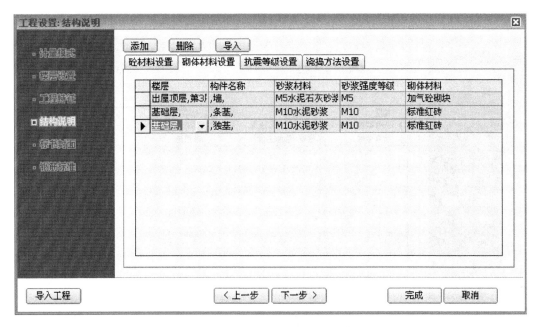

图 3-12　"砌体材料设置"选项卡

设置"抗震等级设置"选项卡如图 3-13 所示。

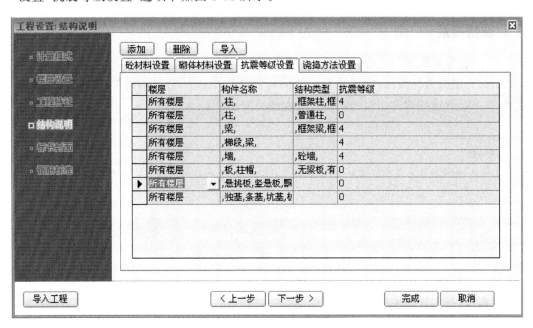

图 3-13　"抗震等级设置"选项卡

设置"浇捣方法设置"选项卡如图 3-14 所示。

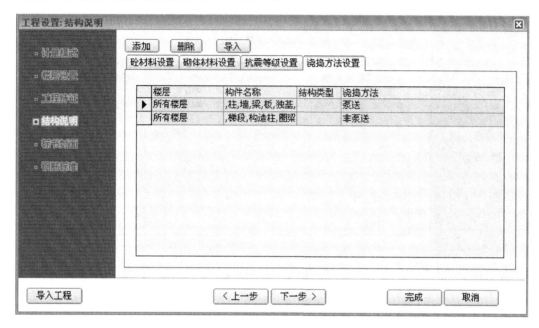

图 3-14 "浇捣方法设置"选项卡

温馨提示

在"抗震等级设置"和"浇捣方法设置"选项卡中,"结构类型"项只针对某一类构件,如柱的结构类型分为框架柱、普通柱等。如果构件名称中选择了多类构件,则不能设置结构类型,只需设置这些构件相同的抗震等级或浇捣方法。

练一练

基础中,如果独基采用 C30 混凝土,条基采用 C20 混凝土,在结构说明中应如何设置?

五、标书封面与钢筋标准

设置完工程特征后,点击"下一步"按钮,进入"标书封面"设置页面。标书封面的设置与工程量计算无关,本工程中不用设置。

当在"计量模式"页面的"应用范围"选项组中勾选了钢筋计算时,在"标书封面"页面中点击"下一步"按钮会进入"钢筋标准"的设置页面,在其中选择设计要求的钢筋标准即可。如果在"应用范围"选项组中没有勾选钢筋计算,则将不会出现"钢筋标准"页面。

项目 **4**

基础工程量计算

手工算量往往从基础层开始，自下而上计算工程量。应用软件算量时却并非如此，如果从标准层开始建模，就可以利用楼层复制功能快速生成其他楼层的模型，提高工作效率。因此运用软件算量时，每个人可以根据工程的实际情况来选择最快的建模顺序，软件中没有严格的规定。本工程按传统方式，从地下室开始建模来进行工程量计算。

本项目主要讲解例子工程基础模型的手工建模方法。

地下室包括的构件见表 4-1。

表 4-1　地下室包括的构件

基础构件	主体构件	装饰构件	其他构件
独立基础、基础梁	柱、梁、混凝土挡土墙、砌体墙、板、门窗、过梁	勒脚、外墙面、踢脚、内墙裙、内墙面、地面、天棚	散水、脚手架

其中，基础内的垫层、挖土方、填土方等是依附于基础主体的子构件，在软件内不单独作为独立的构件来布置。布置基础构件时，设置好子构件的属性后即可随基础主构件一同布置。

任务 **1** 建立轴网

命令模块：选择"轴网"→"绘制轴网"命令。

参考图纸：结施-02（基础平面布置图）。

依据基础平面图来建立轴网。通过分析图纸，得出主体轴网数据（除辅轴外）如表 4-2 所示。

表 4-2　主体轴网数据

下开间（上开间）	①～②	②～③	③～④	……
	3600	3600	3600	……
右进深	A～B	B～C	C～D	……
	5400	2700	5700	……

　　依据上表的数据，首先选中"下开间"单选框。在"轴距"栏中输入"3600"，点击"追加"按钮 4 次，再修改"轴距"为"3200"，点击"追加"按钮，依次按此设置，完成开间的设置。从预览窗口中可以看到下开间的轴线与轴号。开间方向的两根辅助轴线暂不绘制。

　　选中"右进深"单选框，右进深中没有相邻且轴距相同的轴线，因此"进深数"要改为"1"，然后依次在轴距中录入进深距并点击"追加"按钮即可，如图 4-1 所示。设置好轴网数据后，点击"确定"按钮，返回图形界面，在图形界面上点击插入点，就可以将轴网布置到界面上，斜轴网可利用角度布置。布置完成的轴网如图 4-2 所示。

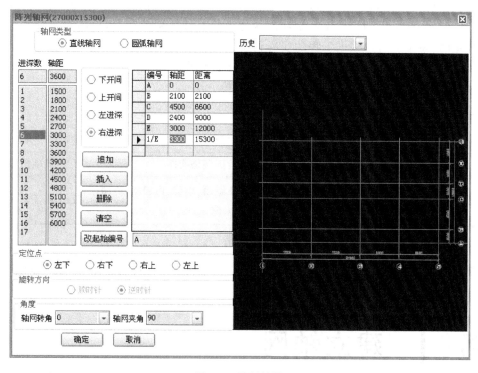

图 4-1　绘制轴网

💡 **温馨提示**

　　辅助轴线可用专门的辅轴命令来绘制，也可以用 CAD 的偏移命令来使原轴线偏移一定的距离生成辅助轴线，在绘制完构件后再将辅轴删除。在界面中根据需要进行选择即可。

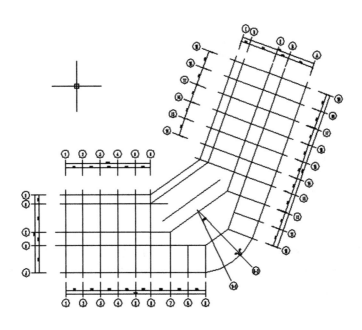

图 4-2 轴网

练一练

(1) 轴距相同且位置相邻的多个轴线如何绘制?

(2) 录入轴线数据时,轴号是否可以修改?

(3) 如何绘制辅助轴线?

(4) 练习圆弧轴网的绘制。

(5) 如果轴网绘制错了,应如何修改?

任务 2 独立基础

命令模块:选择"基础"→"独基布置"命令。

参考图纸:结施-03(基础平面布置图)。

　　手工建模的操作流程是:定义编号(含做法定义)→布置构件。在软件中,构件布置遵循编号优先原则,即大部分构件都必须先定义编号与属性,才能进行布置。其中,做法的定义可以在定义编号的同时完成,也可以在布置构件后再挂接做法,并且可以根据习惯采用相对应的方式。建议手工建模时采用前者,识别建模时采用后者。

一、定义独立基础编号

命令模块:选择"基础"→"独基布置"命令。

参考图纸:结施-03、04(基础布置图、详图)。

执行命令后,弹出导航框,在导航框中点击▣按钮,打开"定义编号"界面。依据独基详图,需要在基础中定义 5 个独基编号。

点击工具栏上的"新建"按钮,在独基节点下新建一个编号。每个基础编号下都会带有相关的"垫层"、"砖模"与"坑槽"的定义,本工程的基础不采用砖模,因此可以将"砖模"节点删除。选中"砖模"后,点击工具栏的"删除"按钮即可。其他类型模板的工程量,如木模板,已经在包含在独基的属性中,无须单独定义。具体如图 4-3 所示。

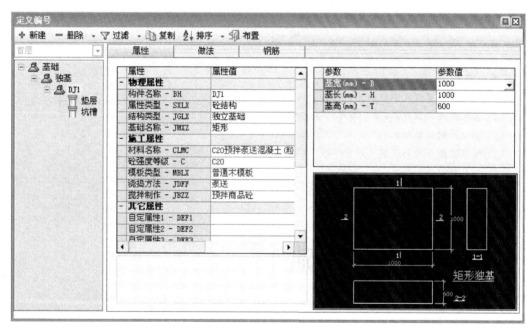

图 4-3 独基编号定义

新建了编号之后,接着进行属性的定义。首先将软件默认的构件编号"DJ-1"改成"J-1",然后在"基础名称-JMXZ"中选择"矩形",在预览窗口中便可以看到二阶矩形独基的图形。参照示意图与施工图内的基础详图,填写各种尺寸参数值,如图 4-4 所示。

在"施工属性"中的"材料名称-CLMC"、"砼强度等级-C"、"浇捣方法-JDFF"、"搅拌制作-JBZZ"是从工程设置的结构说明中自动获取属性值的,这里只需设置"模板类型-MBLX"。在本工程中,独立基础都采用木模板,无须每个编号都设置一次,只需在"独基"节点的属性设置中,设置"模板类型-MBLX"为"普通木模板"即可,如图 4-5 所示。"属性值"中凡是用蓝色文字显示的属性都是公共属性,可以在其父节点上进行设置,子节点自动继承这些属性值。钢筋属性也

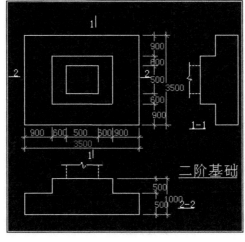

参数	参数值
基宽(mm) - B	3500
基长(mm) - H	3500
基高(mm) - T	500
柱截宽(mm) - B0	500
基宽1(mm) - B1	900
基宽2(mm) - B2	600
基宽3(mm) - B3	600
基宽4(mm) - B4	900

图 4-4　基础参数设置

是如此,其保护层厚度、环境类别、锚固长度与搭接长度等设置项都是公共属性,可以在独基节点中设置。设置好后,在 J-1 节点中便会看到施工属性和钢筋属性中的属性值与基础节点的属性值是一样的,并且以后所有基础编号的属性都会继承这些公共属性的设置。这便是公共属性在定义编号时的使用技巧。

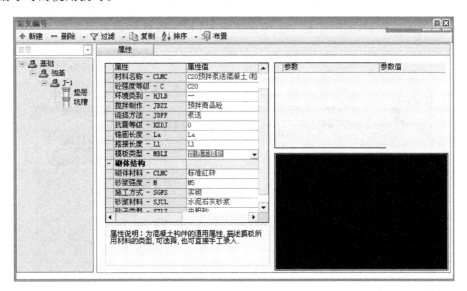

图 4-5　公共属性的设置

练一练

(1) 基础的木模板是否需要单独定义?

(2) 基础的哪些属性属于公共属性? 其作用是什么?

二、定义独立基础做法

一般情况下,独基需要计算的项目如表 4-3 所示。

表 4-3   独基中的计算项目

构件名称	计算项目		变量名	计算规则
独基	基坑土方	挖土方体积	KV	依所选择的清单或定额计算规则计算
	垫层	混凝土体积	VDC	
		垫层模板面积	SCDC	
	独基	混凝土体积	V	
		模板面积	S	
	回填土	填土体积	VT	
	土方运输	运土体积	KV	

定义好 J-1 的属性后,选择"做法"选项卡,如图 4-6 所示。在"做法"选项卡中根据独基的计算项目,定义独基 J-1 的做法。表 4-3 中提供了参考的计算项目,其中变量名是软件提供的工程量组合式或属性变量,挂接做法时可以从计算式编辑对话框中选择,应根据实际工程的需要选择套用的计算项目。例如,实际工程中土方需要运输,则在软件中就需要给独基挂接土方运输的做法子目。

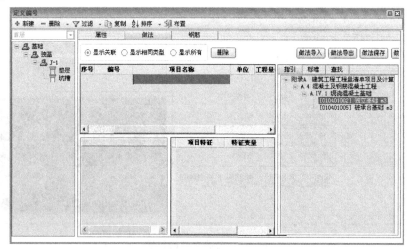

图 4-6   做法定义

　　在界面右侧的"指引"选项卡中可以查看相应的清单章节,本工程要给混凝土独立基础挂接清单。展开"A.4　混凝土及钢筋混凝土工程"下的"A.Ⅳ.1　现浇混凝土基础"节点,便列出该节下的所有清单项目。双击"[010401002]独立基础 m³",则该条清单项目就挂接到 J-1 的做法下了,此时清单编码仍然是 9 位,经过工程分析后,软件会根据构件的项目特征自动给出清单编码的后 3 位。清单的"工程量计算式"由软件自动给出,如果需要编辑计算式,可以点击相应单元格中的下拉按钮,进入计算式编辑框中编辑,如图 4-7 所示。其中,蓝色显示的变量是组合式变量,即包含了扣减关系的变量。

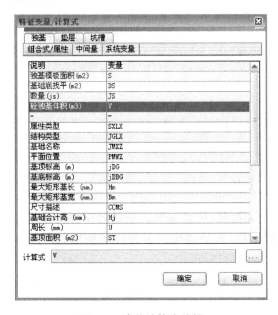

图 4-7　清单计算式编辑

　　软件默认的计算式即组合式中的"砼独基体积 V",其计算式不用修改。独基挂接的清单项目如图 4-8 所示。

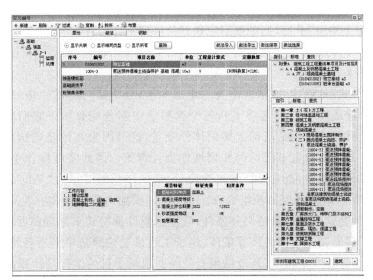

图 4-8　做法挂接

在如图 4-13 所示的"项目特征"列中可以设置当前清单子目的项目特征,软件以清单项目特征为条件归并统计清单工程量。

软件已经给出了一些默认的项目特征的参数,具体介绍如下。

●"特征变量"是指特征值,用户既可以手动录入特征值,如在垫层材料种类中输入"混凝土";也可以点击单元格中的下拉按钮,从弹出的"换算式/计算式"对话框中选择属性变量。

●"归并条件"是指当特征变量是从"换算式/计算式"对话框选择属性变量时,清单工程量按不同属性变量值来统计。例如,"混凝土强度等级"的特征变量选择了独基的属性变量"C",表示该特征变量自动取编号定义中独基的混凝土强度等级作为项目特征,此时归并条件中不能为空,如图 4-8 所示,归并条件为"=C",表示该条清单按不同混凝土强度等级统计工程量。归并条件如果为空,该项目特征值就只能为"C",而不是独基的强度等级"C30"。

 注意事项

当特征变量是从计算式中选择的属性变量时,归并条件中必须有值,否则软件无法获取属性变量值。

而当特征变量是手动输入的特征描述时(非属性变量),归并条件必须为空,否则软件将认为该特征描述为某一变量。当从构件属性中获取不到变量值时,该特征就无法显示。

点击项目特征栏中的增加按钮,可以增加一条新的项目特征,通过点击其单元格中的下拉按钮,将弹出项目特征选择窗口,双击相应的项目特征条目,就可以添加到清单的项目特征中了,再输入其特征变量及归并条件即可。

图 4-9 定额专业切换

下面给"工作内容"栏挂接相应的定额。先选择"铺设垫层"节点,然后点击"定额子目"按钮,在右侧的查询窗口中可以看到当前定额库的定额章节,通过这些章节便可以查找到相应的定额子目。选择"深圳市建筑工程(2003)",在其中没有浇筑垫层的定额子目,应在装饰定额中选择,故选择定额专业为"装饰",如图 4-9 所示。

这时界面中会列出装饰定额的章节,在第一章中找到垫层章节,展开其定额列表,双击"2001-11 普通混凝土垫层"子目,这条垫层定额就挂接到工作内容"铺设垫层"下了。同样,软件也会默认给出一个计算式"V",但此时需要确认计算式是否正确,点击下拉按钮进入"换算式/计算式"对话框,如图 4-10 所示。

在基础的"换算式/计算式"对话框中有三个选项卡,分别是"独基"、"垫层"与"坑槽"(如果砖模节点没删除则应还有"砖模"选项卡),每个选项卡中都分别显示了它们的各种属性变量。软件默认给垫层的计算式取的是基础主体的体积变量,这是因为在给基础挂接清单定额时,软件无法分辨清单下的定额应取基础的哪些属性作为计算式。因此实际操作中需要修改垫层的计算式。选择"垫层"选项卡,查看垫层的属性变量,垫层体积的变量为"Vdc",因此要将原计算式中的"V"删除,然后双击"垫层体积组合(m^3)","Vdc"就加入到计算式中了。再给计算式指定换算条件,换算条件是定额工程量的归并条件,只在定额计量模式下起到归并工程量的作用,在清单计量模式下不需要设置定额的换算条件,建筑工程量是按照清单的项目特征来归并的。点击"确定"按钮,退出计算式编辑框,修改结果会反映到定额子目的工程量计算式中。

接着挂接垫层模板的定额。先将定额"专业"切换回"建筑",然后展开"模板工程"章节中的

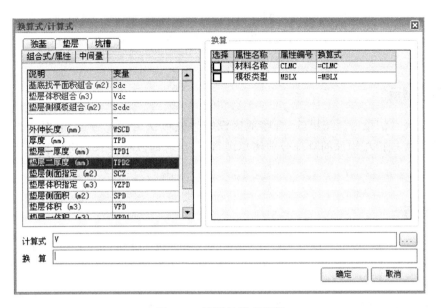

图 4-10 定额计算式编辑

"现浇混凝土模板制安拆"下的"基础模板"节点,双击"[1012-1]现浇混凝土基础垫层模板制安拆木模板"子目,如图 4-11 所示。当子目挂接到"铺设垫层"下后,再修改工程量计算式为垫层侧面积"SCDC"。这里需要注意的是,模板定额是另外汇总到措施项目中的,因此给混凝土清单项目挂接模板定额时,要正确指定模板定额计算式的换算条件,以方便归并统计模板工程量。例如,给基础垫层模板定额计算式指定"模板类型"作为换算条件,则在统计垫层模板工程量时,会按不同的模板类型区分统计。如果软件提供的换算条件不满足工程量的计算要求,可以根据需要增加换算条件,其操作方法可参考斯维尔软件算量操作手册的算量选项章节。

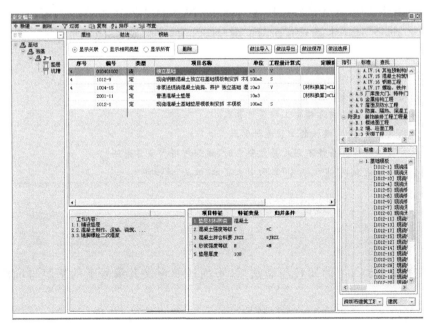

图 4-11 做法定义

在"工作内容"栏选择"2.2 混凝土制作、运输、浇筑、振捣、养护",按相同的步骤挂接独立基础混凝土的定额以及模板定额,核对其工程量计算式是否正确,确定后便完成了独立基础 J-1 的清单做法定义。

温馨提示

因为模板在清单中属于措施,有些地区没有将模板作为清单条目,但在软件中可将模板定额可直接挂接在构件的分部分项清单项目下,统计时软件会自动将模板定额统计到措施项目中。

小技巧

(1)"指定换算"列用于自定义归并条件,软件可以按自定义的换算条件归并工程量。

(2)可以通过"指引"查询窗口,快速查询到与清单匹配的定额子目,挂接到清单项目下。

(3)挂接好的做法,可以点击"做法保存"按钮保存成模板。在定义其他编号的基础时,便可以点击"做法选择"按钮快速挂接做法。在定义其他基础编号时,也可以点击"做法导入"按钮,导入已经定义好的编号上的做法。

注意事项

如果在"定义编号"界面中无"做法"选项卡,则可能是由以下原因引起的。

(1)在"工程设置:计量模式"窗口中选择的是"构件实物量"模式。该模式下无法给构件挂接做法,必须选择"清单"模式或"定额"模式。

(2)当前的编号树节点非编号节点。即当用户在浏览父节点,如"独基"或"基础"节点时,只会显示"属性"选项卡。只有在浏览编号属性时,才会显示"做法"选项卡。

练一练

(1)如何增加清单的项目特征?

(2)是否有必要给工作内容指定工程量计算式?

(3)如何指定垫层体积、模板的工程量计算式?

(4)当软件提供的换算条件不满足量要求时,该如何增加换算条件?

(5)哪些原因会造成在"定义编号"界面中未显示"做法"选项卡?

三、定义垫层与坑槽

在定义完独立基础 J-1 的属性与做法后,下面还要定义其编号下的垫层与坑槽的属性与做法。

(1)垫层的定义。选择"J-1"下的"垫层"节点,设置垫层的"属性",如图 4-12 所示。其中:"外伸长度(mm)"设置为 100;"厚度(mm)"是指基础下第一个垫层的厚度,设置为 100;"垫层一厚度(mm)"与"垫层二厚度(mm)"是指当基础下有多个垫层时,第二个垫层与第三个垫层的厚度,而本工程基础只有一个垫层,因此这两个值设置为 0。当使用清单工程量输出模式时,垫层的做法已包含在基础的清单项目中,因此在垫层节点上不用再挂接做法。

(2)坑槽的定义。基础土方均用坑槽来进行计算。在坑槽的"属性"选项卡中,其"工作面宽(mm)-GZMK"和"放坡系数(D)-FPXS"是根据"挖土深度(mm)-HWT"和土方类别进行自动判定的,这里主要应注意"挖土深度(mm)-HWT"值的设定。这里选择"挖土深度(mm)-HWT"为"同室外地坪",表示基础的挖土深度取从室外地坪到基础垫层底面的深度值。施工现场对于基础回填土方一般是按照挖多深就填多深的原则,故这里将"回填深度定(mm)-HHt"设置"同挖土深度"。具体设置如图 4-12(b)所示。

图 4-12　坑槽的属性

在"做法"选项卡中,挂接坑槽的做法。与之前介绍的步骤类似,首先在"指引"查询窗口中查询到"挖基础土方"项目,双击该项目,挂接到坑槽的做法中,选择"基坑体积"变量"V"作为工程量计算式。这里的基坑土方 KV 按清单计算规则,以基础垫层底面积乘以挖土深度计算。挖基础土方清单的项目特征可设置为如图 4-13 所示。

项目特征	特征变量	归并条件
1.土壤类别	AT	=AT
2.基础类型	JMXZ	=JMXZ
3.垫层底宽、底面		
4.挖土深度	HWT	>2,4,6,8
5.弃土运距	YTJL	=YTJL

图 4-13　清单特征栏内容

如果需要给清单项目挂接工作内容,可以先从"工作内容"中选择项目挂接到清单下,然后再从"指引"查询窗口中查找相应的定额挂接到工作内容下。在给挖基础土方项目的定额指定计算式时,其计算式也是 KV,与清单项目一样,但此时挖土体积是按定额计算规则计算,软件会自动区分清单规则和定额规则。

因为基础做完后还需要回填,所以还应挂接土方回填项目,取"基坑回填体积"的变量"VT"作为工程量计算式,这个计算式能自动按计算规则扣减坑内构件的体积。

坑槽的做法如图 4-14 所示。

至此独立基础 J-1 的属性与做法就都定义好了。这里独立基础的计算项目并非代表所有情

序号	编号	类型	项目名称	单位	工程量计算式	定额换算	指定换算
28	010101003	清	挖基础土方	m3	V	...	
	1001-18	定	人工挖基坑土方 一、二类土深度在(	100m3	V	...	HWT:>2,4,6,8;YTJL:=YTJL:.
29	010103001	清	土(石)方回填	m3	VT	...	
	1001-253	定	人工填土夯实 槽、坑	100m3	VT	...	

图 4-14 坑槽做法

况,如果还有其他的计算项目,只需给独立基础挂接相应的做法即可。

其他独立基础编号均参考以上步骤定义。在定义其他基础编号的做法时,如果做法与 J-1 的做法相同,可以点击"做法"选项卡中的"做法导入"按钮,软件会弹出当前编号树中的独立基础编号,选择已经挂接了做法的参照编号,该编号上的做法就导入到当前编号中了。也可以在挂接了做法的编号中,点击"做法保存"按钮,将当前编号上的做法以一定的名称保存到软件中,再切换到其他编号,通过点击"做法选择"按钮提取相应的做法。

 小技巧

在新建其他独立基础编号时,如果编号是递增的,并且属性类似,则可以右击 J-1 编号,选择"新建"命令,软件会自动在编号栏增加一个新的编号 J-2,且 J-2 的属性与做法默认与 J-1 相同,此时只需修改 J-2 的尺寸参数即可。

练一练

(1) 当基础下有两个垫层时,应如何设置垫层属性?

(2) 如何设置土方回填清单的项目特征?

(3) 如果独立基础编号之间做法相同,如何快速给编号挂接做法?

四、布置独基

定义完所有的基础后,点击工具栏的"布置"按钮,回到主界面,依据基础平面布置图,将独基布置到相应的位置上。

由于本工程是个框架工程,为了计算方便,这里将基础分成两部分,分别放在地下室和首层创建。因此,在地下室层只需布置地下室下方的基础,即①轴~③轴、Ⓐ轴~Ⓔ轴轴网区域内的基础,如图 4-15 所示。

本工程的独基很少,并且同编号的基础很少位置相邻,因此使用"点布置"方式即可。这里基础的底标高各不相同,在布置时应依据图纸随时修改导航框中基础的底标高(以后简称为基底标高)。规范规定基底标高是相对正负零标高来标注的,软件的基底标高遵循这一规则,这里基底标高按图 4-15 所示进行设置即可,然后返回图 4-15 所示界面,按定位点位置,将 J-6 放置于③轴与Ⓑ轴的交点上即可,如图 4-16 所示。

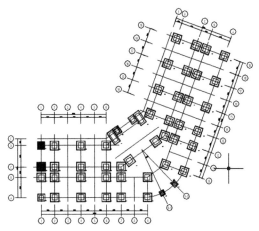

图 4-15　基础平面布置图——地下室部分　　　　图 4-16　独基 J-6 布置

布置到界面上的基础会默认显示垫层与坑槽,如果觉得不便于观察,可以选择"视图"→"构件显示"命令隐藏垫层与坑槽。布置完基础后的三维模型如图 4-17 所示。

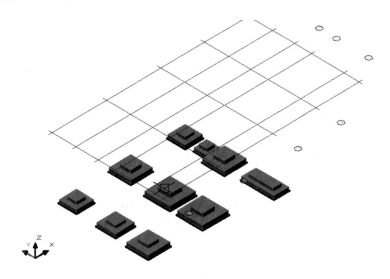

图 4-17　独立基础布置图

温馨提示

在布置构件之前,建议打开"对象捕捉"(OSNAP)功能,以方便精确定位构件。点击状态栏中的"对象捕捉"按钮(或按 F3 键),命令行提示"对象捕捉 开"即可。设置捕捉点的方法是选择"工具"→"捕捉设置"命令,在对象捕捉模式中选择捕捉点。

布置完独基后,选择"报表"→"分析"命令分析统计地下室的独基,软件便可以计算出地下室独立基础的工程量了。

(1) 本工程独立基础以什么为依据定位?

(2) 如何精确捕捉轴网交点来布置基础?

(3) 如果独基中心点偏移轴线一定的距离,该如何布置?

任务 3 地下室柱

命令模块:选择"结构"→"柱体布置"命令。

参考图纸:结施-10(地下室梁、柱结构图)。

在布置地下室柱子之前,先定义柱子编号。依据"结施-9"施工图,选择"结构"→"柱体布置"命令,在定义编号界面中新建柱编号。在定义柱编号之前,先依据结构设计说明,在结构节点上完成公共属性的设置。例如,将"模板类型"改成"普通木模板",其他的属性取默认值即可。然后在柱节点下建立编号。首先新建编号 KZ-1,结构类型为框架柱,截面形状为矩形。KZ-1 的默认值为 500×500,需将其编改为 600×600。柱高取"同层高"属性,其他属性取默认值。KZ-6 的截面形状为圆形,直径设置为 500。建立好编号后分别给这两个柱编号挂接做法。柱子的计算项目如表 4-4 所示,在给柱子挂接做法时,建议参照表 4-4 中的变量名指定做法的工程量计算式。

表 4-4 柱子的计算项目

构件名称	计算项目	变量名
柱	柱混凝土体积	V
	柱模板面积	S
	柱超高模板面积	SCCG

挂接柱的清单项目后,需要分别给柱的体积、模板面积挂接相应的定额子目,如图 4-18 所示。

序号	编号	类型	项目名称	单位	工程量计算式	定额换算
8	010402001	清	矩形柱	m3	V	
柱模板面积						
	1004-21	定	非泵送现浇混凝土浇捣、养护 矩形柱混凝土 10m3	V	[材料换算]=CLMC;TQ	
砼柱体积组						
	1012-36	定	现浇钢筋混凝土矩形柱模板制安拆 周长2.4 100m2	S	=U;[系数换算][柱模板	

图 4-18 柱子做法

在挂接柱模板定额时,应正确选择计算式的换算条件,这里以"周长"、"柱高"为柱模板的换算条件。

用"点布置"的方式,选取①轴和⑥轴的交点,L 形柱就布置好了。切换到编号 Z1,可以使用"选择轴网布置"的方式,框选需要布置柱子的轴网区域即可。布置好的柱子与独立基础组合起来的效果如图 4-19 所示。

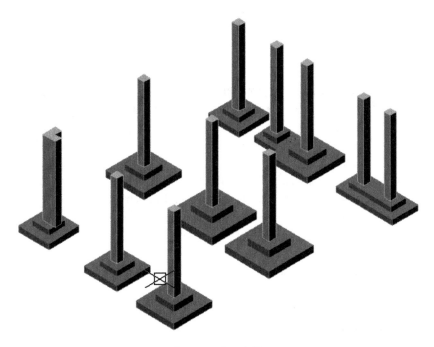

图 4-19 地下室柱

(1) 当柱顶高为"同层高"、"同板底"、"同梁底"或"同梁板底",并且柱底高为"同基础顶"、"同墙顶"、"同梁顶"或"同板顶"时,柱的顶面标高将维持原标高不变,而柱底面标高发生相应的变化,使得柱子总高延长或缩短;反之,当柱顶高为某一确切的数值时,调整柱底高,柱子在立面上的位置将发生变化,而柱子总高不变。

(2) 除基础外,其他所有构件布置时所参照的顶高、底高等均是相对于当前层楼地面的标高,不是绝对标高。

小技巧

在有倾斜角的轴网上布置柱子时,如果柱子与轴网是正交的,可使用"选择轴网布置"☑的方式,框选要布置柱子的轴网区域,柱子会自动旋转成轴网一样的角度,布置到轴网交点上。

地下室柱的统计结果如表 4-5 所示。

表 4-5　地下室柱

序号	项目编码	项目名称(包含项目特征)	单位	工程数量
		A.Ⅳ.2 现浇混凝土柱		
1	010402001001	矩形柱 (1) 柱高度:4.5 以外 6 以内;(2) 柱截面尺寸:1.8 以外 2.4 以内;(3) 混凝土强度等级:C30;(4) 混凝土拌和料要求:预拌商品砼	m³	14.25
2	010402001002	矩形柱 (1) 柱高度:4.5 以外 6 以内;(2) 柱截面尺寸:2.4 以外;(3) 混凝土强度等级:C30;(4) 混凝土拌和料要求:预拌商品砼	m³	3.71

练一练

(1) 如何对称布置 L 形角柱与 T 形边柱?

(2) 如何布置偏心柱?

(3) 请练习柱的其他几种布置方法。

(4) 如何计算柱的超高工程量?

任务 **4** 地下室梁

命令模块:选择"结构"→"梁体布置"命令。

参考图纸:结施-15,16(地梁层结构平面梁配筋图)。

1. 定义梁的编号

先定义 KL1(3B),然后在 KL1(3B)的基础上创建其他梁的编号,右击 KL1(3B),在弹出的右键快捷菜单中选择"新建"命令,这时新建出来的编号会复制上一个编号参数,只需修改其编号和有差异的内容即可生成一个新的梁编号。依次创建好所有梁编号,做法挂接的方法参照独立基础做法挂接,其计算项目见表 4-6。

表 4-6　梁的计算项目

构 件 名 称	计 算 项 目	变 量 名
梁	梁混凝土体积	V
	梁模板面积	S

按照清单计算规则,梁板的体积为梁、板体积之和,因此对梁挂接梁板清单做法,如图 4-20 所示。

序号	编号	类型	项目名称	单位	工程量计算式	定额换算
10	010405001		有梁板	m3	V	
梁顶架						
梁模板面积:						
	1012-50	定	现浇钢筋混凝土单梁、连续梁模板制安拆 每100m2		S	Ha:>0.5,1.0;PMXZ:=P
梁体积组合						
	1004-35	定	非泵送现浇混凝土浇捣、养护 平板、肋板、10m3		V	[材料换算]=CLMC;PMX

图 4-20　梁的做法

有些定额计算规则规定,与板相接的梁高只算至板底,梁上板厚部分的体积并入板内。软件能自动分析出梁与板相接部分体积,并称之为"平板厚体积"。只要在计算规则中给梁的砼体积加上"扣除平板厚体积"规则,并相应地在板内加上"加梁平板厚体积",其梁上平板厚部分的体积就会自动在梁内扣减并加到板内。计算规则的设置方法可参考斯维尔算量操作手册。

2. 布置梁

在导航框中,默认梁顶高为"同层高"。

与基础梁的布置方法类似,边梁可以采用"上边"或"下边"这两种定位法来手动布置,如Ⓐ轴上的梁 KL17(5)。中间梁用居中法布置即可。对于带悬挑端的两条梁 KL1(3B),先用"手动布置"的方法布置好这两条梁的非悬挑梁跨,接着选择"选择梁布置悬挑梁"方式,这里需要输入悬挑长。在软件中,悬挑长为支座边缘往外挑出的长度。按命令行提示选择连续梁,分别在 KL1 梁边线上选取一点,这两个悬挑端就布置好了。悬挑端的跨号为"-100"。

地下室梁最终的效果如图 4-21 所示。

 温馨提示

如果连续梁的悬挑端与其他梁跨截面尺寸不同,则可以在梁导航框中修改好截宽和截高参数与挑长后,再布置悬挑梁;或者是先沿用连续梁截面的尺寸布置,再选择"构件"→"构件编辑"命令修改悬挑端的截面尺寸。对于根部与端部截面不同的变截面悬挑梁,目前只能取平均截面布置。

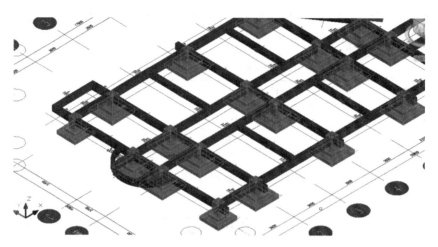

图 4-21　地下室梁

练一练

（1）边梁如何布置才能使梁外边与柱外边对齐？

（2）除了用定位点的方式使梁外边与柱外边对齐外，还有什么方法可以对齐？

（3）如何布置纯悬挑梁？

（4）如何编辑某一跨梁的截面尺寸？

（5）练习梁的其他几种布置方法。

项目 5

首层工程量计算

本项目介绍首层建筑模型的建立以及计算方法。通过项目 4 的练习，地下室的模型已经建立好了，在建立首层建筑模型时便可以利用地下室的一些数据来快速建模，不需要重新开始。

任务 1 复制楼层

命令模块：选择"构件"→"拷贝楼层"命令。

使用"楼层显示"功能切换到首层图形文件，开始首层模型的创建。首层轴网和部分柱子与地下室的相同，可以用"拷贝楼层"功能将地下室的轴网与柱子复制到首层。

执行"拷贝楼层"命令，弹出如图 5-1 所示的"楼层复制"对话框。在"源楼层"中选择"基础层"，在"目标楼层"中选择"首层"，然后在右侧的"选择构件类型"栏中选择要复制的构件。先将软件默认的勾选项全部清除，然后勾选"柱"、"轴线"，在"复制"选项组中选中"构件做法（M）"复选框，将柱的做法一起复制过来。"编号冲突处理"选项组用于处理跨层复制构件时，出现编号冲突的情况；"位置重复处理"选项组用于处理目标楼层相同位置上存在相同构件的情况。

最后点击"确定"按钮，地下室的轴线和柱子就复制到首层了，如图 5-2 所示。

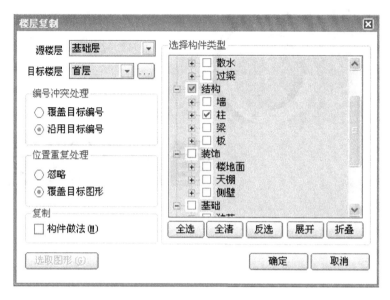

图 5-1　楼层复制

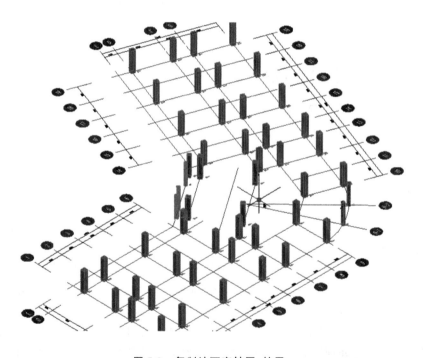

图 5-2　复制地下室轴网、柱子

练一练

（1）复制楼层中的"编号冲突处理"选项组有何作用？

（2）能否同时将地下室的构件复制到多个楼层中？

任务 **2** 首层梁

命令模块:选择"结构"→"梁体布置"命令。
参考图纸:结施-17,结施-18(4.150 楼面梁结构图)。

依据一层楼面梁结构图,在梁的定义编号界面中定义首层所有的梁编号与做法。挂接做法时需要注意,雨篷梁 L1(3)、L8(1)、L14(2B)等编号应挂接雨篷板的清单做法,并且弧形梁 L1(3)的模板定额也应挂接雨篷模板定额,并取梁底面积变量"SDI"作为工程量计算式。L8(1)、L14(2B)无须挂接模板定额,其模板工程量归并在雨篷板的模板工程量中。

下面布置首层梁。可以把梁的编号列表放置于导航框左边,方便切换编号。直形梁的布置比较简单,基本上使用"手动布置"、"点选轴网附近布置"这两种布置方法。应注意在手动布置时,为保持边梁与柱外边平齐,应使用"上边"或"下边"定位法。而悬挑梁的布置则采用"选择梁布置悬挑梁"的方式,按一定的悬挑长布置连续梁的悬挑端。其中,梁 KL1(3B) 和 KL2(3B) 的悬挑端长为 700 mm 和 1 800 mm,布置好所有的直形梁后,下面介绍弧形梁的布置方法。

本工程中的雨篷梁是弧形梁,按照施工图,根据命令行提示进行操作,具体如下。

指定起点://选择右边辅轴与 E 轴的交点作为起点

指定下一个点或[圆弧(A)][半宽(H)][长度(L)][放弃(U)][宽度(W)]://点击"圆弧(A)"按钮,进入圆弧绘制状态

指定圆弧的端点或[角度(A)][圆心(CE)][方向(D)][半宽(H)][直线(L)][半径(R)][第二个点(S)][放弃(U)][宽度(W)]://点击"半径(R)"按钮

指定圆弧的半径://输入 4700,按回车键

指定圆弧的端点或[角度(A)]://选择左边辅轴与 E 轴的交点作为端点,按回车键

命令:输入编号! //不需要编号,直接按回车键结束命令,圆弧辅轴就绘制好了

绘制好辅轴后,便可以布置弧形梁了。执行"梁体布置"命令,选择编号 L3,使用"手动布置"的方法,按命令行提示进行操作,具体如下。

输入起点://选择圆弧辅轴左端点为起点

[圆弧(A)]或请输入下一点<退出>://点击"圆弧(A)"按钮,进入绘制圆弧梁状态

请输入终点<退出>://选择圆弧辅轴右端点为弧形梁终点

请输入弧线上的点<退出>://在圆弧辅轴上任意选择一点即可,按回车键结束命令

绘制好弧形梁后,辅助轴线已没有作用,可以删掉。首层梁效果图如图 5-3 所示。

练一练

(1) 如何绘制辅轴?

(2) 如何绘制弧形梁?

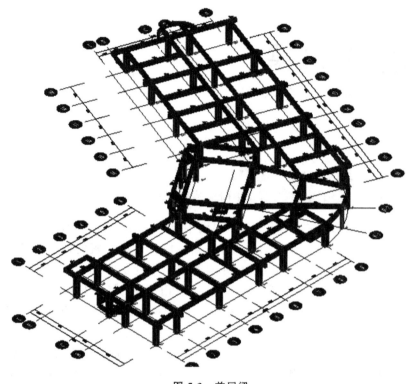

图 5-3　首层梁

任务 **3** 首层墙

命令模块:选择"墙体"→"墙体布置"命令。
参考图纸:建施-02(建筑一层平面图)。

　　首先依据施工图,在墙定义编号界面中定义墙体编号。从施工图可以看出,一层的墙体的厚度为 200 mm,均为砌体墙。按墙厚定义一个砌体墙编号,材料为"空心砖",墙厚为 200 mm。可以参照地下室墙的计算项目给编号挂接做法。

　　然后布置墙体。使用"手动布置"的方式,选择"上边"为定位点,墙位置设置为"外墙",底高为"0",高度设置为"同梁底",然后以轴线交点为参照点,画出所有的外墙。注意,在手动绘制墙时,软件默认为连续画墙的形式,如果下一段墙体与之前绘制的墙体不是连续的,则需先右击取消连续画墙,再重新选取下一段的起点绘制。这样首层的墙体就布置好了。

　　由于首层部分墙体需要延伸到基础顶,因此需要调整墙体底高。便用"构件查询"功能,选中要修改的墙段,在"构件查询"对话框中将底高调整为"同基础顶"即可。

 温馨提示

由于本楼层还未布置楼板,因此在布置完到板底的墙后,墙的高度暂时为"同层高"。但在布置楼板后,墙的高度会自动调整到板底。

练一练

(1) 如何使墙底延伸到基础顶?

(2) 请练习用其他的布置方法布置本楼层的墙。

任务 4 首层门窗过梁

一、普通门窗

命令模块:选择"门窗洞口"→"门窗布置"命令。

参考图纸:建施-3(门窗详图及门窗表)、建施-05(建筑一层平面图)、建施-10(建筑地下室平面图、1—1剖面图)。

依据施工图,地下室的门编号为 SM1833,窗编号为 SC1524、SC1824 与 SC2124。再依据门窗表,便可以定义门窗编号。

选择"门窗洞口"→"门窗布置"命令,进入"定义编号"界面。先新建门编号 M0821,接着指定该门的材料类型。依据门窗表,定义 M0821 的"材料类型-CL"为"铝合金门蓝色玻璃";"名称-MC"为"双开有亮";"框材厚(mm)-BK"与门扇的面积计算有关,为"55";"框材宽(mm)-T"的设置会影响到装饰工程量中洞口侧边的装饰量计算,本工程为"100";"开启方式-KQ"的设定是为了方便做法挂接,选择"平开";"后塞缝宽(mm)-FK"的设置是为了计算门槛面积,如果按洞口面积计算,就无须设置后塞缝宽,如果墙面扣减洞口时,按窗外围面积计算(可以在计算规则中设置),则须正确设置后塞缝宽;"立樘边离外侧距(mm)-SBVZ"关系到装饰工程洞口侧边的取值,在本工程的建筑说明中,标明所有门窗均按墙中线定位,结合墙厚与框材宽,设置其值为"100"。最后按门窗表,设置门宽为 800 mm,门高为 2 100 mm,这样门编号 M0821 的属性就定义好了。具体如图 5-4 所示。

按照前面介绍的操作方法,依次定义好其他的门窗编号。门窗的计算项目如表 5-1 所示,参

图 5-4 门窗定义

照这些计算项目挂接做法即可。

表 5-1 门窗的计算项目

构 件 名 称	计 算 项 目	变 量 名
门窗	洞口面积	S
	数量/樘	JS

SM-0821 的做法挂接如图 5-5 所示。

序号	编号	类型	项目名称	单位	工程量计算式	定额换算
13	020402001	清	金属平开门	樘	JS	
门框周长						
门樘面积组						
	2004-96	定	铝合金门窗(成品)安装平开门	100m2	S	[材料换算]=CL;MC:=M
	2004-204	定	铝合金门五金配件 双扇地弹门	樘	JS	[材料换算]=CL;MC:=M

图 5-5 SM-0821 的挂接做法

定义完编号与属性,下面开始布置门窗。

使用"轴线交点距离布置"的方法,通过设置门窗边沿到轴网交点的距离来布置门窗。下面以窗 SM-0821 为例进行介绍。门边离轴线的距离是 250,根据这个值设置端头距,底高为 0。将光标移动到墙上,软件会自动以离光标最近的轴线交点为基准,在墙上显示门的图形,当光标在墙的左右两侧移动时,门的开启方向会随之改变,并且门图形上的箭头也随着开启方向的改变而改变,该箭头所指的方向是门外装饰面的方向,因此布置时要注意正确选择箭头方向。箭头所指方向为外装饰面方向,软件便是根据这个方向判断立樘离外侧距离。在墙上某处点击,门就布置到墙上了,如图 5-6 所示。如果用户要修改门的外侧方向或者是门扇的开启方向,可以选择中门,此时图上会显示出两个夹点,如图 5-6 所示,通过拖动夹点位置便可以改变方向。

通过修改端头距与底高,依次布置好其他的门窗,布置后的效果如图 5-7 所示。

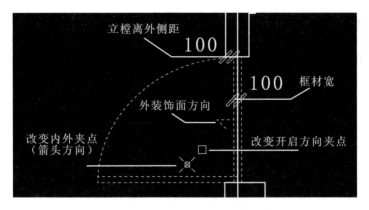

图 5-6　门窗布置

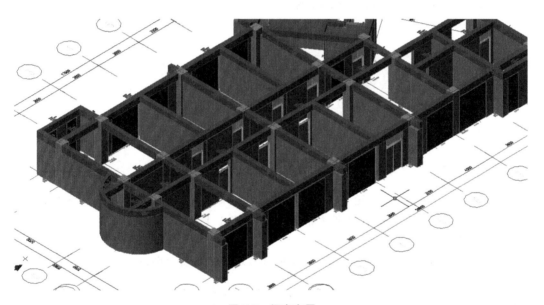

图 5-7　门窗布置

门窗的统计结果如表 5-2 所示。

表 5-2　门窗的统计

序号	项目编码	项目名称(包含项目特征)	单位	工程数量
B. Ⅳ.2 金属门				
1	020402001001	金属平开门 (1) 门类型:平开;(2) 玻璃品种、厚度、五金材料品处:铝合金门蓝色玻璃	樘	1.00
B. Ⅳ.6 金属窗				
1	020406002001	金属平开窗 (1) 窗类型:平开;(2) 玻璃品种、厚度、五金材料,品:铝合金窗蓝色玻璃	樘	6.00

温馨提示

在定义门窗编号时,可以在新建编号后,在构件编号单元格中点击下拉按钮,在弹出的"选择预制门窗"对话框中设置。软件默认提供了中南、西南、华北等三个地区的预制门窗库,通过"加载定额库"功能加载预制门窗库后,便可以从库中选择需要的门窗型号了。预制构件的定义与上述操作类似。

练一练

(1) 在定义门窗的属性时,有哪些属性值会影响到装饰工程量的计算?

(2) 请练习门窗的其他几种布置方法。

(3) 如果门窗的外侧箭头指向错了,应如何修改?

二、过梁布置

命令模块:选择"梁体"→"过梁布置"命令。

依据施工图中的过梁详图,定义过梁编号。过梁的截宽取"同墙宽"即可,过梁的截高按详图要求设置为"180"。定义好 GL-1 编号后,直接在 GL-1 上点击新建,便可生成 GL-2 编号,两个编号的参数相同。

过梁的计算项目如表 5-3 所示,参照表中的计算项目挂接做法即可。

表 5-3　过梁的计算项目

构 件 名 称	计 算 项 目	变 量 名
过梁	混凝土体积	V
	模板面积	S

过梁做法如图 5-8 所示。

序号	编号	类型	项目名称	单位	工程量计算式	定额换算
14	010410003	清	过梁	m3(根)	JS	
过梁模板面						
	1012-57	定	现浇钢筋混凝土独立过梁模板制安拆 木模板100m2	S		
过梁体积组						
	1004-28	定	非泵送现浇混凝土浇捣、养护 独立过梁混 10m3	V		[材料换算]=CLMC;

图 5-8　过梁的做法

下面进行过梁的布置。结构说明中标明了过梁两端各伸出洞口 250 mm,因此在导航框中,左、右挑长都应设置为"250",梁底高设置为"同洞口顶"。按照详图要求,小于等于 1 500 mm

宽的门窗布置 GL-1,大于 1 500 mm 宽的门窗布置过梁 GL-2,这里可以使用自动布置的方法快速布置过梁。点击布置工具栏内的"表格钢筋"按钮,在命令行中选择"过梁表",软件会弹出如图 5-9 所示的"过梁表"对话框,该对话框用于保存过梁的自动布置条件。首先输入过梁编号"GL-1",在"洞宽≥="中输入"0",然后在"洞宽<"中输入"1501",这就表示有洞宽大于等于 0,小于 1 501 mm 的门窗洞口需要布置过梁 GL-1。继续输入 GL-2 的布置条件,在"洞宽≥="中输入"1500",在"洞宽<"中输入"5000",点击"保存"按钮,再点击"布置过梁"按钮,地下室的过梁就一次性布置好了。

图 5-9 "过梁表"对话框

地下室过梁的统计结果如表 5-4 所示。

表 5-4 地下室过梁的统计

项目编码	项目名称(包含项目特征)	单位	工程数量
A.Ⅳ.3 金属门			
010403005001	过梁 (1)梁截面:0.2 以内;(2)混凝土强度等级:C30;(3)混凝土拌和料要求:预拌商品砼	m³	0.90

> **练一练**
> (1)请练习过梁的其他几种布置方法。

任务 5 首层板

命令模块:选择"板体"→"现浇板"命令。
参考图纸:结施-06(一层结构平面板配筋图)。

在布置板之前,先将图面上不需要显示的构件和轴网隐藏起来,只留下柱和梁。依据一层结构平面图,分别建立板厚为 120 mm、100 mm 的两个板编号。在定义完属性与做法后,进入导航框。板的布置方法比较简单,只要在封闭区域点取一点就可以了。在布置雨篷板时,可以使用"隐藏构件"功能,将雨篷中间的梁和柱隐藏起来,只留下弧形梁,然后在相应区域内点击,雨篷板就布置好了。如果雨篷梁的梁跨之间有缝隙,可以通过增加"延长误差"值来布置板。

> **小技巧**
>
> 布置板时,可以将中间构件如柱、梁等隐藏起来布置一块大板,板中的梁、墙、柱等构件,软件会自动扣减。特别是异形板,更应该用大板布置,方便双层双向、单层双向钢筋的布置。

任务 **6** 首层楼梯与相关构件

本工程中的楼梯是整体式双跑楼梯,它所包含的构件有:梯柱、楼梯平台板、楼梯梁、梯段以及栏杆扶手。下面详细讲解如何将这些构件组合成楼梯。

一、楼梯梯段

> 命令模块:选择"楼梯"→"梯段"命令。
> 参考图纸:建施-11(楼梯大样图)。

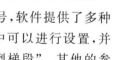

首先依据施工图定义梯段编号。在"定义编号"窗口中新建一个梯段编号,软件提供了多种梯段类型,在"属性"选项卡的"物理属性"选项组的"结构类型-JMXZ"选项中可以进行设置,并且每一种梯段类型都可以在预览框中预览。在其中选择不带平台板的"A 型梯段"。其他的参数设置如图 5-10 所示。

在"物理属性"选项组中,"踏步数目(N)-N"指的是纯踏面数,不包含楼梯梁,软件按踏步数目计算梯段高度;"下段踏步数"与"上段踏步数"只在选择"E 型梯段"时需要设置,此处不需要设置。

梯段的计算项目如表 5-5 所示,可以参照这些计算项目挂接做法。

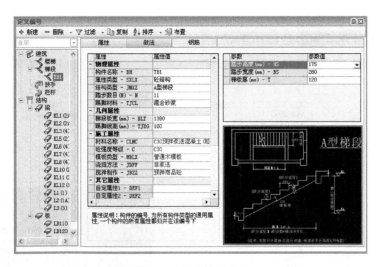

图 5-10 梯段编号定义

表 5-5 梯段的计算项目

构 件 名 称	计 算 项 目	变 量 名
首层楼梯	投影面积(清单)	S
	混凝土体积	V
	模板面积(水平投影面积)	S

楼梯的做法如图 5-11 所示。

编号	项目名称	单位	工程量计算式
010406001	**直形楼梯**	m2	S
混凝土制作、			
1004-38	非泵送现浇混凝土浇捣、养护 钢筋混凝土整体楼梯 普通	10m3	V
1012-81	现浇钢筋混凝土整体楼梯模板制安拆 普通型 木模板	100m2	S

图 5-11 楼梯的做法

在软件中,楼梯的模板面积 S 取的是梯段的水平投影面积,与本工程所依据的计算规则相符合。如果要取斜面积计算模板工程量,可取软件提供的斜面积变量 SX 作为工程量计算式。

二、组合楼梯

命令模块:选择"楼梯"→"楼梯"命令。
参考图纸:结施-11(楼梯结构图)。

首先依据施工图定义楼梯梁编号"TL-1"与"TL-2"。梯梁的"结构类型-JGLX"选择"楼梯梁",截面参数为中设置"截宽(mm)-B"为"210"以及设置"截高(mm)-H"为"350","砼强度等级-C"选择"C30"。具体设置如图 5-12 所示。

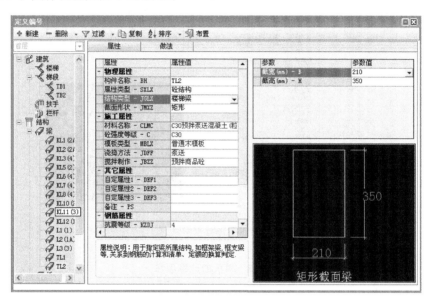

图 5-12　梯梁的参数设置

楼梯梁的计算项目如表 5-6 所示。

表 5-6　楼梯梁的计算项目

构 件 名 称	计 算 项 目	变 量 名
首层楼梯梁	投影面积(清单)	SDI(梁底面积)
	混凝土体积	V
	模板面积	SDI

楼梯梁的做法如图 5-13 所示。

编号	项目名称	单位	工程量计算式
010406001	直形楼梯	m2	SDI
混凝土制作、			
1004-38	非泵送现浇混凝土浇捣、养护 钢筋混凝土整体楼梯 普通	10m3	V
1012-81	现浇钢筋混凝土整体楼梯模板制安拆 普通型 木模板	100m2	SDI

图 5-13　楼梯梁的做法

 注意

　　按照清单计算规则,楼梯工程量按施工图示尺寸以水平投影面积计算。其中,包括楼梯梁、平台板的面积。因此在给楼梯梁挂接清单时,应挂接楼梯清单,并取梁底面积为工程量计算式。楼梯梁的模板也是按楼梯模板以水平投影面积计算。

三、平台板

命令模块：选择"楼梯"→"楼梯"命令。

参考图纸：结施-11（楼梯结构图）。

设置平台板板厚为 120 mm，"结构类型-JGLX"选择"楼梯平台板"，按照施工图定义平台板的编号。平台板的计算项目如表 5-7 所示。

表 5-7　平台板的计算项目

构 件 名 称	计 算 项 目	变 量 名
楼梯平台板	投影面积（清单）	SD（板底面积）
	混凝土体积	V
	模板面积	SD

TB2 的做法如图 5-14 所示。

编号	项目名称	单位	工程量计算
010406001	直形楼梯	m2	SD
混凝土制作、			
1004-38	非泵送现浇混凝土浇捣、养护 钢筋混凝土整体楼梯 普通	10m3	V
1012-81	现浇钢筋混凝土整体楼梯模板制安拆 普通型 木模板	100m2	SD

图 5-14　TB2 的做法

TB3 的做法如图 5-15 所示。

编号	项目名称	单位	工程量计算式
010405001	有梁板	m3	V
混凝土制作			
1004-35	非泵送现浇混凝土浇捣、养护 平板、肋板、井式板混凝土	10m3	V
1012-72	现浇钢筋混凝土平板、肋板、井式板模板制安拆（板厚10cm）	100m2	S

图 5-15　TB3 的做法

 注意

按照清单计算规则，楼梯工程量应包含中间平台板的投影面积。但不包含与楼板相接的平台板面积。因此在给平台板挂接清单时应注意，TB2 应挂接楼梯清单，并且取板底面积作为工程量计算式，而与楼板相接的 TB3 仍按楼板清单计算。楼梯平台板的模板也是按楼梯模板以水平投影面积来计算的。

四、楼梯栏杆

命令模块:选择"其他构件"→"栏杆"命令。

参考图纸:建施-11(楼梯详图)、建施-01(建筑设计说明)。

首先在栏杆的"定义编号"窗口中新建一个栏杆编号,定义其属性如图 5-16 所示。

属性	属性值	参数	参数值
物理属性		直径(mm) - D	16
构件编号 - BH	LG1		
材料类型 - CL	型钢材		
截面形状 - JMXZ	圆形		
几何属性			
栏杆高(mm) - H	900		

图 5-16 栏杆属性定义

栏杆的计算项目如表 5-8 所示,可以参照这些计算项目挂接做法。

表 5-8 栏杆的计算项目

构 件 名 称	计 算 项 目	变 量 名
楼梯栏杆	栏杆长度	L

注意

按照清单计算规则,扶手、栏杆的工程量以扶手中心线长度计算,此处在栏杆编号上可以不用挂接做法,将栏杆的做法挂接到扶手编号中。

五、楼梯扶手

命令模块:选择"其他构件"→"扶手"命令。

参考图纸:建施-11(楼梯详图)、建施-01(建筑设计说明)。

选择"建筑"→"扶手布置"命令来布置楼梯扶手。在扶手的"定义编号"窗口中新建编号,其属性定义如图 5-17 所示。

属性	属性值
物理属性	
构件编号 - BH	扶手1
材料类型 - CL	木材
截面形状 - JMXZ	矩形

参数	参数值
截宽(mm) - B	60
截高(mm) - H	100

图 5-17 扶手属性定义

扶手的计算项目如表 5-9 所示,可以参照这些计算项目挂接做法。

表 5-9 扶手的计算项目

构 件 名 称	计 算 项 目	变 量 名
楼梯扶手	扶手长度	L

按照清单计算规则,扶手、栏杆的工程量以扶手中心线长度计算,因此将栏杆的做法也挂到扶手编号中,如图 5-18 所示。

	编号	项目名称	单位	工程量计算式
⊟	020107002	硬木扶手带栏杆、栏板	m	L
⊟	安装			
	2001-267	硬木扶手 直形100×60	100m	L
	2001-225	铝合金栏杆	100m	L

图 5-18 扶手的做法

首层的楼梯、楼梯平台板以及栏杆扶手的工程量统计结果如表 5-10 所示。

表 5-10 首层楼梯、楼梯平台板及栏杆扶手的工程量统计

序号	项目编码	项目名称(包含项目特征)	单位	工程数量
		A.Ⅳ.6 现浇混凝土楼梯		
1	010406001001	直形楼梯 混凝土强度等级:C30;混凝土拌和料要求:预拌商品砼	m²	14.38
		B.Ⅰ.7 扶手、栏杆、栏板装饰		
1	020107002001	硬木扶手带栏杆、栏板	m	7.26

六、组合楼梯

命令模块:选择"楼梯"→"楼梯"命令。

参考图纸:建施-11(楼梯详图)、建施-02(一层平面图)。

新建一个楼梯编号 LT1,楼梯属性设置如图 5-19 所示。

属性	属性值
— 物理属性	
构件名称 — BH	LT1
属性类型 — SXLX	砼结构
楼梯类型 — LX	
踢脚的材料 — TJCL	混合砂浆
楼梯装饰材料 — TMCI	混合砂浆
下跑梯段编号 — BBH	
下跑踏步数(N) — BN	10
E型下跑下段踏步数(N)	4
E型下跑上段踏步数(N)	4
上跑梯段编号 — TBH	
上跑踏步数(N) — N	8
E型上跑下段踏步数(N)	4
E型上跑上段踏步数(N)	4
梯口梁编号 — TKL	
平台梁编号 — PTL	
平台口梁编号 — PTKL	
平台板编号 — PTBBH	

图 5-19　楼梯属性定义

其中,设置"楼梯类型-LX"为"下 A 上 A 型",即一个双跑楼梯的两个梯段都是软件设置的楼梯类型中的 A 型梯段。然后设置"下跑梯段编号-BBH"为"TB1",设置"上跑梯段编号-TBH"为"TB1",设置"梯口梁编号-TKL"为"TL-1",设置"平台梁编号-PTL"为"TL-2",设置"平台板编号-PTBBH"为"PTB2"。设置结果如图 5-20 所示。

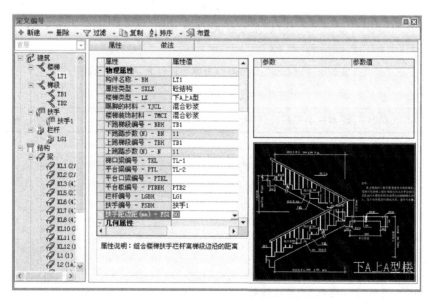

图 5-20　楼梯设置

然后,还需设置组合楼梯的"平台板宽(mm)-PB"和"指定踢脚宽(mm)-JB"两个参数,设置完后退出"定义编号"窗口。在导航框中,选择楼梯类型为"标准双跑逆时针",不选中"外侧布置栏杆"和"外侧布置扶手"选项。设置转角为 270°,确定布置插入点,在界面中需要布置楼梯的对应插入点处点击,就将整个楼梯布置完成了,如图 5-21 所示。

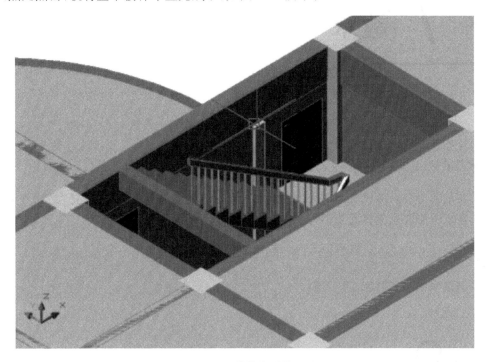

图 5-21　楼梯布置效果

不难发现,模型中还漏了一块休息平台板没有布置上去,可以定义一个编号为 PTB3 的平台板补充绘制上去即可。其布置方法与板的布置方式相同。

> **小技巧**
>
> 楼梯段按实体布置是为了布置钢筋和计算混凝土体积,如果有的计算规则只按投影面积计算,并且不需要计算钢筋工程量的话,可以直接使用自定义面进行布置之后再套用楼梯做法即可。

练一练

(1) 在本工程中,楼梯由哪些相关构件组成。

(2) 如何计算楼梯工程量?

(3) 如何布置螺旋楼梯?

(4) 如何计算楼梯的栏杆与扶手?

(5) 请试着沿着楼梯布置栏板。

任务 7 散水

命令模块:选择"其他构件"→"散水布置"命令。

参考图纸:建施-05(一层平面图)。

在首层的室外还有两段散水需要布置,参照地下室散水的布置方法,选择"散水布置"命令将这两段散水分别布置到界面上即可。

注意

绘制散水的路径时应注意绘制方向。

任务 8 首层内装饰

命令模块:选择"装饰"→"房间布置"命令。

参考图纸:建施-02,03(建筑设计说明),以及建施-05(建筑一层平面图)。

从一层平面图可以看出,首层的房间有办公室、咨询室、楼梯间和卫生间。需要分别布置这四个房间的装饰。由于本工程是一个框架,因此首层的地面做法比较特殊,以③轴为界,③轴左边的地面在混凝土楼板上,而右边的地面在地坪上,因此在定义和布置地面时,应有所区分。首先进入"房间布置"的"定义编号"窗口,在定义房间编号之前,先定义侧壁、地面和天棚的编号。

依据建筑说明的装饰做法说明建立地面编号,首层的办公室以及楼梯间中③轴左侧部分的地面做法是"楼 1",在地面节点中建立一个"楼 1"编号,其编号属性定义如图 5-22 所示。

走道、咨询室、卫生间以及楼梯间内③轴右侧的地面做法都是"地 1",其编号属性定义如图 5-23 所示。

地面的做法可参照地下室地面的计算项目来定义。

然后建立侧壁编号。首先新建"办公室走道侧壁"编号,其踢脚的定义如图 5-24 所示。

属性	属性值
物理属性	
构件编号 - BH	楼1
几何属性	
垫层厚(mm) - TD	0
找平层厚(mm) - TZ	25
卷边高(mm) - Ht	0
面层厚(mm) - TM	10
施工属性	
装饰材料类别 - ZC	块料面
装饰材料 - CLM	水泥砂浆

图 5-22 设置"楼1"的属性定义

属性	属性值
物理属性	
构件编号 - BH	地1
几何属性	
垫层厚(mm) - TD	80
找平层厚(mm) - TZ	25
卷边高(mm) - Ht	0
面层厚(mm) - TM	10
施工属性	
装饰材料类别 - ZC	块料面
装饰材料 - CLM	水泥砂浆

图 5-23 设置"地1"的属性定义

而墙裙的定义如图 5-25 所示。

属性	属性值
- 物理属性	
饰面厚度(mm) - TsTj	20
- 几何属性	
装饰面高(mm) - Ht	150
装饰面起点高度(mm) -	0
- 施工属性	
装饰材料类别 - ZC	块料面
装饰材料 - CLM	水泥砂浆

图 5-24 办公室踢脚的属性定义

属性	属性值
- 物理属性	
饰面厚度(mm) - Tsqur	20
- 几何属性	
装饰面高(mm) - Hqun	900
装饰面起点高度(mm) -	同踢脚顶
- 施工属性	
装饰材料类别 - ZC	块料面
装饰材料 - CLM	水泥砂浆

图 5-25 办公室墙裙的属性定义

墙裙的计算项目见表 5-11,可以参照这些计算项目给墙裙挂接做法。

表 5-11 墙裙的计算项目

构 件 名 称	计 算 项 目	变 量 名
首层办公室墙裙	墙裙面积	S
	砼墙面墙裙面积	ST
	非砼墙面墙裙面积	SFT

墙面的定义如图 5-26 所示。

属性	属性值
- 物理属性	
饰面厚度(mm) - TsQm	10
- 几何属性	
装饰面高(mm) - HQm	同层高
装饰面起点高度(mm) -	同墙裙顶
- 施工属性	
装饰材料类别 - ZC	抹灰面
装饰材料 - CLM	水泥砂浆

图 5-26 办公室墙面的属性定义

使用类似的方法,将咨询室侧壁、卫生间侧壁、楼梯间侧壁分别进行定义。其各项目挂接的做法可参照地下室的做法。

下面再完成天棚的定义。按照建筑说明,办公室走道和卫生间都采用"顶2"的做法,而楼梯间和咨询室都采用"顶1"的做法,其编号定义如图5-27和图5-28所示。

属性	属性值
- **物理属性**	
构件编号 – BH	顶2
做法描述 – ZFMS	吊顶
- **施工属性**	
装饰材料 – CLM	水泥砂浆

图5-27 天棚"顶2"的属性

属性	属性值
- **物理属性**	
构件编号 – BH	顶1
做法描述 – ZFMS	抹灰面
- **施工属性**	
装饰材料 – CLM	水泥砂浆

图5-28 天棚"顶1"的属性

在建立完地面、侧壁和天棚的编号后,下面就可以建立房间的编号了。在房间节点下新建房间编号,此处以办公室走道房间为例进行介绍,其编号属性定义如图5-29所示。

由于办公室走道的地面做法有两种,并且不能与房间中的其他装饰统一布置,故需要分开处理,因此暂时不选择楼地面编号,需要单独布置办公室走道的楼地面。同理,楼梯间也需这样处理。使用类似的方法,建立咨询室、卫生间以及楼梯间的房间编号,具体如图5-30至5-32所示。

属性	属性值
- **物理属性**	
构件编号 – BH	餐厅走道
侧壁编号 – CBBH	餐厅走道侧壁
楼地面编号 – DMBH	
天棚编号 – TPBH	顶2

图5-29 办公室走道房间的编号定义

属性	属性值
- **物理属性**	
构件编号 – BH	厨房
侧壁编号 – CBBH	厨房侧壁
楼地面编号 – DMBH	地1
天棚编号 – TPBH	顶2

图5-30 咨询室房间的编号定义

属性	属性值
- **物理属性**	
构件编号 – BH	卫生间
侧壁编号 – CBBH	卫生间侧壁
楼地面编号 – DMBH	地1
天棚编号 – TPBH	顶2

图5-31 卫生间房间的编号定义

属性	属性值
- **物理属性**	
构件编号 – BH	楼梯间
侧壁编号 – CBBH	楼梯间侧壁
楼地面编号 – DMBH	
天棚编号 – TPBH	顶1

图5-32 楼梯间房间的编号定义

定义好后各类装饰编号后,就可以布置房间装饰了。在布置之前可以使用"构件显示"功能令界面中只显示柱、墙、门窗和轴网,然后使用"房间布置"功能,分别在房间的封闭区域内布置相应的房间装饰。

 注意事项

在布置完办公室走道和楼梯间的房间装饰后,还需要单独布置这两个房间的地面。

使用"地面布置"功能,选择"楼1"编号,首先使用"隐藏构件"功能将办公室内部的轴网以及边柱隐藏,只留下③号轴,设置"延长误差"为"1000",然后使用"点选内部生成内边界"方式,将地面"楼1"布置到办公室中。然后选择"地1"编号,同样将走道中的④号轴和柱子隐藏起来,以③号轴为界,将"地1"布置到走道中。按照同样的步骤,布置完楼梯间的两种地面。用户可以进入地面的"构件查询"对话框中,指定当前地面所属的房间名称,以方便统计。

最后单独在"侧壁布置"中定义一个独立柱装饰的编号,使用"侧壁布置"功能,将独立柱装饰布置到界面中。这样,首层的内装饰就布置好了,相应的工程量也就可以计算出来。

 温馨提示

如果想按房间输出装饰工程量,则对于清单计量和定额计量两种不同的方式,可分别采用如下的方法。

(1) 在清单计量模式下,可以在清单的项目特征中加上房间名称,让清单项目按房间名称归并汇总即可,如图 5-33 所示。

项目特征	特征变量	归并条件
1. 柱体类型		
2. 底层厚度、砂浆配合比		
3. 面层厚度、砂浆配合比		
4. 装饰面材料种类		
5. 分格缝宽度、材料种类		

图 5-33 归并汇总清单项

(2) 在定额计量模式下,可以进入算量选项的工程量输出页面,在装饰构件各工程量的基本换算条件中增加"房间名称"(从属性中拖动到换算栏即可,如图 5-34 所示)。这样在挂接定额时,便可以选择"房间名称"作为定额工程量的归并条件。

基本换算

	序号	变量	名称	类型	换算式
☑	1	CLM	装饰材料		=CLM
☑	2	CLJ	基层材料		=CLJ
▶ ☑	3	FJM	房间名称		=FJM

图 5-34 "基本换算"栏

 练一练

(1) 本工程首层有哪些房间?其各部分的做法是什么?

(2) 如何布置办公室和楼梯间的地面?

(3) 在定额计量模式下,如何才能按房间输出装饰工程量?

任务 9 首层外墙装饰

命令模块:选择"装饰"→"墙面"命令。
参考图纸:建施-02(建筑设计说明)、建施-09(建筑立面图)。

首层外墙装饰的计算方法与地下室外装饰类似,也是通过墙面来计算的。其编号定义及计算项目可参照地下室外装饰的相关内容。在布置首层外装饰时,使用"多段线框选实体生成外边界"功能,使用多段线绘制出一个包围首层建筑的线框,在线框闭合的同时,外墙装饰也就布置好了。

温馨提示

在布置外墙装饰时,应该将界面中外墙上的所有外悬构件都隐藏起来,再进行布置。所有外悬构件的装饰面积应该另外套挂定额。

任务 10 首层脚手架

命令模块:选择"其他构件"→"脚手架"命令。
参考图纸:无。

首层脚手架与地下室脚手架一样,分为综合脚手架、里脚手架和满堂脚手架,可以直接将地下室的脚手架编号复制过来,用于布置首层的脚手架。

练一练
(1)练习布置首层脚手架。

任务 11 首层零星工程量

命令模块：命令行输入"lxgl"，或者选择"构件"→"零星管理"命令。

参考图纸：建施-05（建筑一层平面图）等。

目前工程中还差台阶工程量和雨篷装饰工程量没有计算，按照清单计算规则，这两个工程量均按水平投影面积计算，在软件中可以使用"台阶布置"功能来处理。因为台阶与其他构件没有扣减关系，故此处使用"零星算量"功能来进行计算。

在使用"零星算量"功能之前，先选择"绘图"→"多段线"命令，沿着雨篷梁外边沿绘制出雨篷轮廓，最后使多段线闭合，绘制完后使用"构件显示"命令将梁、板以及栏板隐藏起来，显示出绘制好的多段线，如图 5-35 所示。

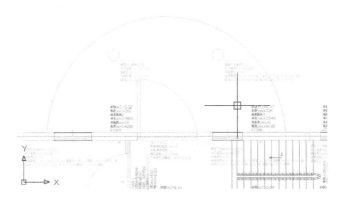

图 5-35 多段线绘制的雨篷轮廓

选择"工具"→"查询距离"命令，捕捉圆弧的端点，测量出多段线水平段的距离为"9588"，将这个数值记录下来，在计算台阶工程量时将会使用。

然后选择"构件"→"零星管理"命令，弹出"零星算量"对话框，如图 5-36 所示。

在软件中，零星量计算是通过输入清单项目，并指定清单项目对应的构件编号及工程量计算式，得出清单项目的工程量的。因此，应先输入清单项目。在"零星算量"对话框中点击"编号"列中的下拉按钮，弹出清单定额查询窗口，从装饰清单中选择"零星项目一般抹灰"，选择完清单后关闭查询窗口。

在"零星算量"对话框中的"构件编号"列中输入"雨篷装饰"，在"工程量计算式[中括号内为说明标注]"列中，可以使用软件提供的辅助工具快速生成计算式。在工具栏中点击"面"按钮，返回界面中，按命令行提示选择之前已绘制好的多段线，右击确认，多段线轮廓的面积就调入"零星算量"对话框中了。其中，还可以给数据加上中文注释，只需在数据后加上一对中括号

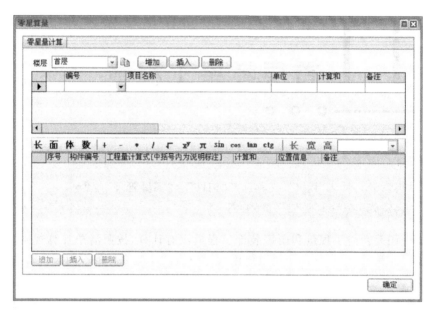

图 5-36　"零星算量"对话框

"[]"，然后在中括号中填写注释内容即可。例如，在多段线轮廓的面积数据后加上"[雨篷水平投影面积]"。工程量计算式指定好后，计算和就求出了。如果计算式有错，将会以红色文字显示，也无法得出计算和。

下面计算台阶的工程量。在"编号"列中输入清单"零星砌砖"项目，将"单位"改为"m3"，在"构件编号"列中输入"台阶"，台阶的工程量可以利用前面绘制的圆弧的弧线长与台阶踏步总宽的乘积计算得出。因此，在工程量计算式中，在工具栏中点击"长"按钮，返回界面中提取多段线的长度，用此数据减去之前测量出的直线长，再乘以踏步总宽即可得出台阶的水平投影面积，则台阶的工程量也就计算出来了，如图 5-37 所示。

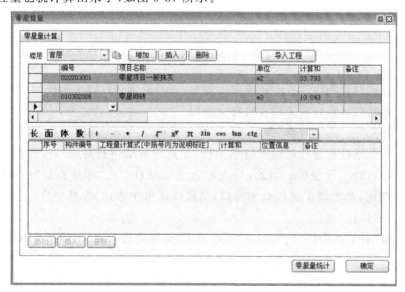

图 5-37　首层零星工程量计算

温馨提示

　　能用构件计算的工程量,就尽量使用布置构件的方法来计算,以适应变更需要。利用软件提供的自定义点、线、面、体构件便可以定义各种构件。

练一练

(1) 如何计算台阶工程量?

(2) 零星算量还可用于计算哪些建筑工程量?

二、三层工程量

在首层模型的基础上可以快速建立二、三层的建筑模型。三层的模型与二层的完全相同，因此可以先建立二层的建筑模型，再将二层的模型复制到三层。

任务 1 二层建筑模型

一、复制楼层

命令模块：选择"构件"→"拷贝楼层"命令。
参考图纸：建施-06，建施-07（建筑二、三层平面图）。

使用"楼层显示"功能切换到二层图形文件，开始二层模型的建立工作。然后选择"构件"→"拷贝楼层"命令，选择首层为"源楼层"，选择第二层为"目标楼层"，然后在右侧的"构件类型"窗口中选择轴网、柱、梁、墙和板，勾选"复制做法"，点击"确定"按钮，首层的模型就复制到二层了，如图 6-1 所示。

将复制过来的雨篷删除，再删除与施工图不符的内墙和楼梯梁。虽然二层与三层的层高不同，但由于柱、梁、板等构件的顶高都默认为"同层高"，因此软件会自动根据楼层表中的层高自动更新构件的楼层顶高，如果刚复制过来时发现构件高度没有调整，可以选择"视图"→"高度自调"命令功能来调整构件高度。需要注意的是，首层有部分柱子和墙的底面伸到基础顶，而复制到二层后，这部分柱子和墙下就没有基础了，但属性中底高会仍然保留"同基础顶"，因此要单独

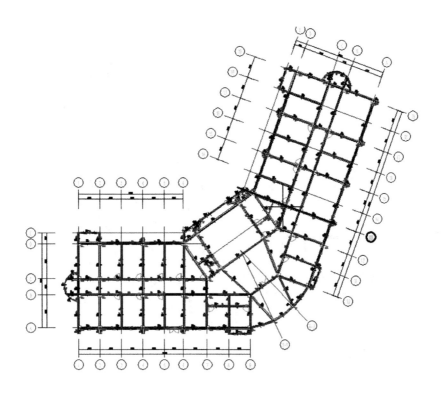

图 6-1 复制得到的二层模型

修改这部分构件的底高属性。可以使用"构件查询"功能,批量选择构件后,将底高设置为"0"即可。

> **注意事项**
>
> 批量选择构件只能选择同类构件进行查询。用户可以在执行"构件查询"功能后,使用命令行的"过滤设置"功能,在过滤条件中选择需要查询的构件类型,设置完之后在界面中框选构件时,就只会选中用户设置的构件类型了。

二、二层其他构件

前面已经通过复制楼层功能,完成了二层柱、梁、板、外墙和部分内墙的建立。第二步工作便是使用各种构件布置命令,继续将二层的墙、门窗、过梁、楼梯、内外装饰和脚手架绘制出来。请大家参照前面的内容独立完成二层模型的建立,此处就不再重复介绍操作方法了。

二层建筑模型如图 6-2 所示。

练一练

(1) 从首层复制到二层的构件还需要如何调整?

(2) 请完成二层建筑模型的建立。

(3) 请参照建筑图纸完成二层装饰工程量的计算。

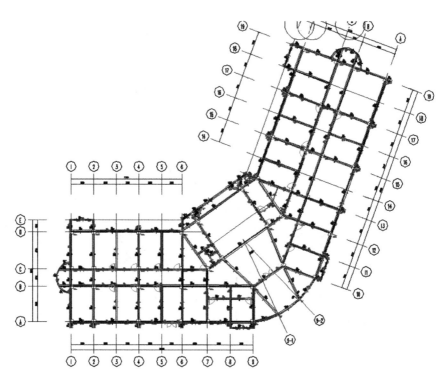

图 6-2　二层建筑模型

任务 2　三层建筑模型

　　命令模块：选择"构件"→"拷贝楼层"命令。

　　三层的模型与二层的完全相同，属于标准层，因此可以使用"拷贝楼层"命令，将二层所有的模型都复制过来，快速完成三层建筑模型的建立。

　　温馨提示

　　对于建筑、钢筋都完全相同的标准层，可以在工程设置的楼层表中设置标准层的"标准层数"，这样只需建立一个标准层的建筑模型，软件会以单个标准层的工程量与标准层数的乘积来计算工程量。本工程中二层与三层的建筑模型虽然相同，但三层的柱筋有特殊构造，因此需要分别建立这两层的建筑模型。

项目 7

出屋顶楼层工程量

本项目将介绍出屋顶楼层建筑模型的建立,其中包括女儿墙、压顶、坡屋顶、老虎窗以及檐沟的布置。

任务 1 复制楼层

命令模块:选择"构件"→"编号修改"命令。
参考图纸:结施-13(柱结构平面图)。

选择"构件"→"拷贝楼层"命令,将三层的轴网和柱子复制到顶层,然后按照出屋顶楼层柱结构平面图进行修改,如将多余的柱子删除等,编辑后的结果如图 7-1 所示。

需要注意的是,按照施工图要求,顶层的柱子截面尺寸为 400 mm×500 mm,而复制过来的柱子的截面尺寸都是 500 mm×500 mm,此时可以选择"构件"→"编号修改"命令,选中其中任意一个柱子,弹出"定义编号"窗口。将 Z1 和 Z2 的截面尺寸都改成 400 mm×500 mm,然后点击"关闭"按钮,返回图形界面,柱子的截面便完成了。

温馨提示

在软件中,每个楼层的构件编号都是独立的,不同楼层间相同编号的属性可以不同。

软件中除了梁、条基等构件具有特殊性外,大多数构件都遵循"同编号原则",编号上的截面参数等属性变了,则该编号的所有构件都会随之改变。

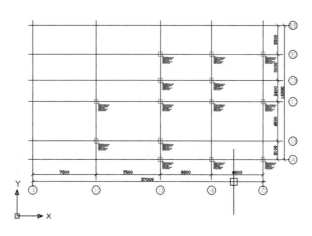

图 7-1 顶层复制模型

任务 2 顶层梁

命令模块:选择"结构"→"梁体布置"命令。

参考图纸:结施-11(屋面梁结构图)。

依据施工图定义梁的编号,然后使用手动布置的方式将梁绘制到图上,注意边梁要与柱外边平齐。具体操作方法可参考地下室梁的操作,顶层梁如图 7-2 所示。

任务 3 顶层墙

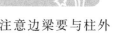

命令模块:选择"结构"→"墙体布置"命令。

参考图纸:建施-04(出屋顶楼层平面图)。

顶层墙的厚度与其他楼层一样,分为 300 mm 厚、180 mm 厚和 120 mm 厚,在定义编号时,可以将其他楼层的墙编号复制过来。布置时注意外墙外边与柱外边平齐。

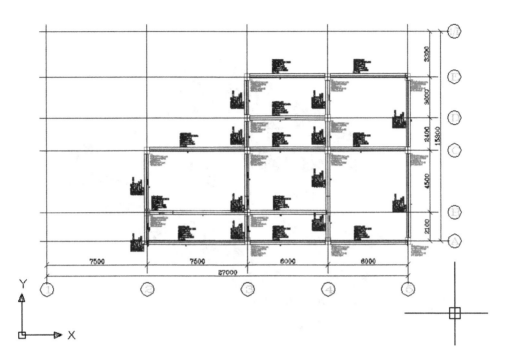

图 7-2　布置顶层梁

任务 4 顶层门窗过梁

命令模块:选择"建筑—"→"门窗布置"命令。

参考图纸:建施-10(门窗详图及门窗表)、建施-04(出屋顶楼层平面图)。

依据门窗表便可以定义门窗编号,其定义方法及布置方法可参考地下室门窗的设置。过梁采用自动布置的方法布置到门窗上即可,其操作方法可参考地下室过梁布置。布置上门窗的顶层模型如图 7-3 所示。

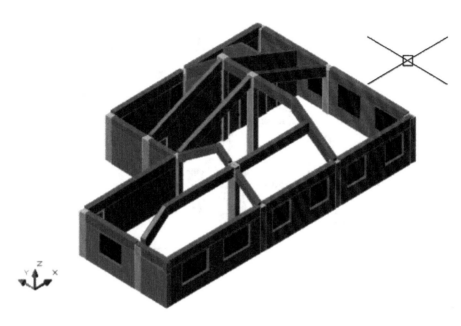

图 7-3　布置顶层门窗

任务 5 女儿墙

命令模块:选择"结构"→"墙体布置"命令。
参考图纸:建施-04(出屋顶楼层平面图)。

依据施工图,女儿墙厚为 240 mm,高度为 1 120 mm,为砌体墙。在墙的"定义编号"窗口中新建一个墙编号,将其定义为女儿墙,女儿墙的计算项目如表 7-1 所示。

表 7-1　女儿墙的计算项目

构 件 名 称	计 算 项 目	变 量 名
女儿墙	砌筑体积	V

女儿墙做法如图 7-4 所示。

定义完编号与做法后,下面来布置女儿墙。使用手动布置的方法,定位点选择"下边",以③轴上的柱子端点为起点,绘制女儿墙,如图 7-5 所示。

编号	项目名称	单位	工程量计算式
⊟ 010302001	女儿墙	m3	V
⊟ 2.砌砖			
1003-6	实心砖墙 外墙 1砖	10m3	V

图7-4 女儿墙的做法

💡 **温馨提示**

为了使女儿墙与3层的外墙平齐,在绘制女儿墙之前,建议先分别绘制出偏移①轴200 mm和偏移Ⓐ轴250 mm的两条辅助轴线。

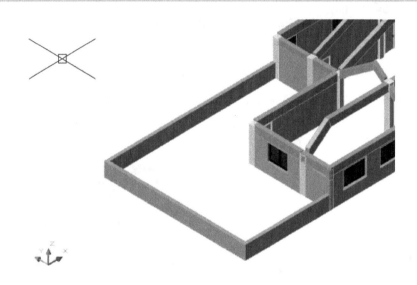

图7-5 布置女儿墙

任务 6 女儿墙压顶

命令模块:选择"其他构件"→"压顶布置"命令。

参考图纸:建施-04(出屋顶楼层平面图)。

在女儿墙上有一个同墙宽的,高为80 mm的混凝土压顶,用可以选择"建筑"→"压顶布置"命令来布置。先在压顶的"定义编号"窗口中新建一个编号,截面尺寸中设置截宽为240,设置截高为80,设置混凝土强度等级为C20。压顶的计算项目如表7-2所示,可以参照这些计算项目挂接做法。

表 7-2　压顶的计算项目

构件名称	计算项目	变量名
女儿墙压顶	压顶体积	V
	模板面积	S

压顶的做法如图7-6所示。

	编号	项目名称	单位	工程量计算式
⊟	010407001	其他构件:压顶	m3	V
	⊟ 混凝土制作			
	1004-42	非泵送现浇混凝土浇捣、养护 压顶混凝土	10m3	V
	1012-89	现浇钢筋混凝土压顶模板制安拆	100m2	S

图 7-6　压顶的做法

下面进入压顶导航框,设置底高为1 120 mm(也可以通过设置顶高为1 200 mm来布置),使压顶正好与女儿墙顶面相接,然后使用"选墙布置"功能,选择女儿墙作为压顶的布置路径,右击确认,压顶就布置到女儿墙上了,如图7-7所示。

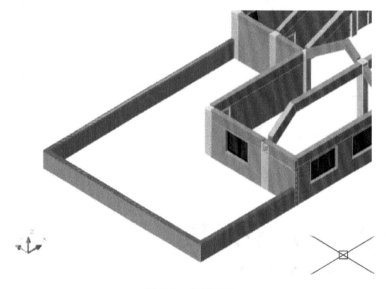

图 7-7　布置压顶

练一练

(1)如何布置异形截面的压顶?

任务 7 坡屋顶

一、屋面布置

命令模块:选择"其他构件"→"屋面布置"命令。

参考图纸:建施-05(坡屋顶平面图)。

执行"屋面布置"命令前,应先修改一个设置项目。选择"工具"→"算量选项"命令,弹出"算量选项"对话框,在此对话框中,将"构件选项"选项卡中的"是否使用经典的布置模式"选项设置为"是",如图7-8所示。

图7-8 "算量选项"对话框

设置完成后,执行"屋面布置"命令,弹出"屋面布置"对话框,如图7-9所示。在此对话框中,屋面根据命令行提示和图纸要求,先设置"檐口标高(m)"为"18",在模型中绘制屋面边框线。

绘制完成后,右击确认,命令行提示输入屋面的屋脊线,也就是图纸中的高度为20.5 m的

图7-9 "屋面布置"对话框

线条。设置"脊线标高(m)"为"20.5",在模型中绘制出屋面脊线。绘制完成后,右击确认,命令行提示输入屋面的阴阳角线,也即连接屋面边框线转角点处和脊线的端点和转角处。绘制完成后,右击确认,这样整个屋面就绘制完成了,如图7-10所示。

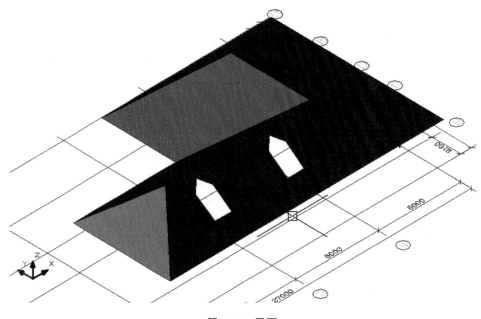

图7-10 屋面

二、屋面板

命令模块:选择"结构"→"板体布置"命令。
参考图纸:建施-05(坡屋顶平面图)。

在编辑坡屋顶之前,必须先布置屋面板。依据屋顶平面图,使用多段线绘制出板的轮廓线。绘制完辅助线后,执行"构件显示"命令,不选中"显示非系统实体",点击"全清"按钮,再点击"确定"按钮,将其他构件隐藏起来,只显示屋面构件。

接着选择"结构"→"板体布置"命令,首先在板的"定义编号"窗口中定义屋面板编号,板厚设置为 120 mm,其计算项目可参考地下室楼板章节。

然后设置屋面板布置高度为"同屋面",使用"点选内部生成内边界"功能,分别在屋面围成的封闭区域内点取一点,布置屋面板。这样,所有的屋面板就布置出来了,如图 7-11 所示。

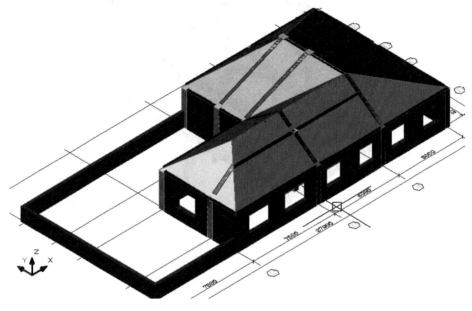

图 7-11　布置屋面板

三、折梁编辑

命令模块:选择"构件"→"构件查询"命令。
参考图纸:建施-05(坡屋顶平面图)。

从施工图上可以看出,③、④轴和Ⓑ轴上的框架梁和斜板结构适应,均有折梁跨,但之前布置的梁都是平梁,这里需要对梁进行编辑调整。在软件中,只需要选择"构件"→"构件查询"命令,将梁顶高修改成"顶同板顶",软件就能自动调整好梁的高度和弯折,如图 7-12 所示。

 注意事项

当梁顶高为"同层高"或"顶同板顶"时,梁才能自动适应斜板,如果在布置梁时将梁顶高设为某一个数值,则编辑斜板时,板下的梁不会随板改变。如果遇到这种情况,可以使用"构件查询"功能,将梁顶高设置为"顶同板顶",梁就能适应斜板了。

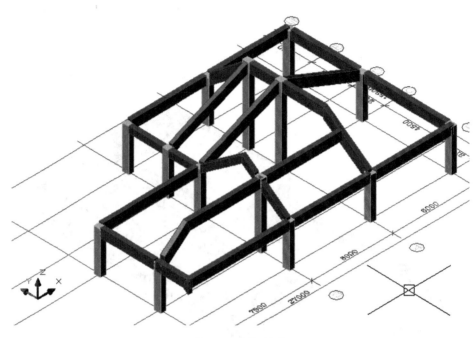

图 7-12　折梁编辑

 温馨提示

如果使用输入"相对标高"的三点标高方式来编辑斜板,则在输入板各顶点的标高值时,应输入板顶点距离当前层楼地面的高度值。

练一练

(1) 如何编辑折梁?

(2) 如何编辑坡屋面?

(3) 如果板下梁没有随斜板变化该如何处理?

任务 8 老虎窗

命令模块:选择"其他构件"→"老虎窗"命令。

参考图纸:建施-09(厕所及老虎窗详图)。

在坡屋顶上还有两个老虎窗需要布置。执行"老虎窗"命令,首先在老虎窗的"定义编号"窗口中新建一个编号,然后参照老虎窗详图,设置"属性"中的各种参数,其中"几何属性"的设置如图 7-13 所示。

属性	属性值
- **物理属性**	
构件编号 - BH	LHC1
- **几何属性**	
面坡度 - PD	0.66
脊坡度 - TPD	0
墙厚度(mm) - QW	240
顶板厚度(mm) - YBH	100
出山长(mm) - CHSC	100
出檐长(mm) - CHYC	360
面墙高(mm) - QH	890
面墙宽(mm) - QL	1680
坡顶高(mm) - PDG	300
后塞缝宽(mm) - FK	50
立樘边离外侧距(mm) -	50

图 7-13　老虎窗的几何属性定义

在"几何属性"中,"面坡度-PD"指的是老虎窗的顶板向两边倾斜的坡度。而施工图上只给出了老虎窗顶板边线的标高,因此需要依据施工图算出顶板的坡度(顶板倾斜高度与顶板水平长度的比值)。

"施工属性"的设置如图 7-14 所示。

- **施工属性**	
类型 - LX	两面坡
墙体属性类型 - QSXLX	砼结构
墙体材料 - QCL	C20
板属性类型 - BSXLX	砼结构
板材料 - BCL	C20
窗材料类型 - WCL	铝合金
窗形状 - JMXZ	拱顶形窗

图 7-14　老虎窗的施工属性定义

在"施工属性"中设置"窗形状-JMXZ"为"拱顶形窗"后,需要在右侧的参数窗口中输入洞口的尺寸参数,具体设置如图 7-15 所示。

参数	参数值
门宽(mm) - B	1200 ▼
门高(mm) - H	540
顶高(mm) - H1	460

图 7-15　老虎窗编号——洞口参数设置

其中"顶高(mm)-H1"是指矩形洞口到拱顶的高度。

老虎窗的计算项目如表 7-3 所示,可以参照这些计算项目给老虎窗挂接做法。

表 7-3　老虎窗的计算项目

构件名称	计算项目	变量名
老虎窗	板体积	VB
	板模板	SBM
	墙体积（砼墙）	V
	墙模板	SQM
	窗面积	SC
	窗数量（樘）	JS
	外墙装饰面积	SW
	内墙装饰面积	SN
	窗屋顶装饰面积	SWD
	屋面板窗内顶面积	CLSM

老虎窗的做法如图 7-16 所示。

	编号	项目名称	单位	工程量计算式
✚	020406002	金属平开窗	樘	JS
✚	020201001	老虎窗内墙面抹灰	m2	SN
✚	010701001	瓦屋面	m2	SWD
✚	020201001	老虎窗外墙面抹灰	m2	SW
▬	010405003	老虎窗平板	m3	VB
	▬ 混凝土制材			
	1004-35	非泵送现浇混凝土浇捣、养护 平板、肋板、井式板混凝土	10m3	VB
	1012-72	现浇钢筋混凝土平板、肋板、井式板模板制安拆（板厚10cm）	100m2	SBM
▬	010404001	直形墙	m3	V
	▬ 混凝土制材			
	1004-31	非泵送现浇混凝土浇捣、养护 直形墙混凝土	10m3	V
	1012-62	现浇钢筋混凝土墙模板制安拆 直形 墙厚50cm内 木模板	100m2	SQM
✚	020301001	天棚抹灰	m2	CLSM

图 7-16　老虎窗的做法

定义完老虎窗的编号与做法后,进入老虎窗导航框。老虎窗的布置方式只有"点布置"方式,在需要布置老虎窗的板上点取一点即可。布置好的老虎窗如图 7-17 所示。

　温馨提示

布置到图面上的老虎窗是一个整体,可以选择"构件"→"构件分解"命令来分解老虎窗,使其分解成独立的板、墙与窗,并自动生成相应的老虎窗板、老虎窗墙、老虎窗窗等编号。

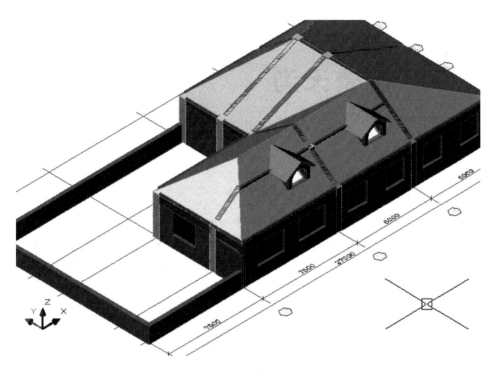

图 7-17　布置老虎窗

注意

分解后应单独给老虎窗的板、墙与窗挂接做法,而在老虎窗编号上挂接的做法无效。老虎窗分解主要用于处理老虎窗的钢筋,如不计算钢筋,可以不分解老虎窗。

其他场景

当老虎窗、山墙窗为整窗时,在软件中无法设置这种洞口的参数。变通的处理方法是,将洞口的参数设为 0,再取"山墙面积"变量来挂接窗扇的做法就可以了。

练一练

(1) 如何定义老虎窗的面坡度?

(2) 如何布置老虎窗?

(3) 如何计算当老虎窗的窗户为整窗时,窗的工程量?

任务 9 挑檐天沟

命令模块:选择"其他构件"→"挑檐天沟"命令。

参考图纸:建施-05(坡屋顶平面图)。

依据施工图,坡屋顶外围有一圈檐沟,可选择"其他构件"→"挑檐天沟"命令来布置。执行命令后,先在"定义编号"窗口新建一个挑檐天沟的编号,按照施工图中的挑檐详图,定义"属性"和"参数"如图 7-18 所示。

属性	属性值
- **物理属性**	
构件名称 - BH	TG1
结构类型 - JGLX	挑檐天沟
属性类型 - SXLX	砼结构
截面形状 - JMXZ	反L形

参数	参数值
截宽(mm) - B	450
截高(mm) - H	200
截宽1(mm) - B1	80
截高1(mm) - H1	80
截高2(mm) - H2	120

(a) 定义属性　　　　　　　　　　(b) 定义参数

图 7-18　定义挑檐天沟

挑檐天沟的计算项目如表 7-4 所示,可以参照这些计算项目挂接做法。

表 7-4　挑檐天沟的计算项目

构 件 名 称	计 算 项 目	变 量 名
挑檐天沟	混凝土体积	V
	模板面积	S
	檐内装饰面积	SZN
	檐外装饰面积	SZW

挑檐的做法如图 7-19 所示。

	编号	项目名称	单位	工程量计算式
−	010405007	天沟、挑檐板	m3	V
−	混凝土制作、			
	1004-41	非泵送现浇混凝土浇捣、养护 天沟挑檐混凝土	10m3	V
	1012-86	现浇钢筋混凝土挑檐天沟模板制安拆	100m2	S
−	020203001	零星项目一般抹灰:挑檐外装饰	m2	SZW
−	抹面层			
	2002-12	零星项目一般抹灰 水泥石灰砂浆底 白水泥砂浆面	100m2	SZW
−	020203001	零星项目一般抹灰挑:挑檐内装饰	m2	SZN
−	抹面层			
	2002-11	零星项目一般抹灰 水泥石灰砂浆底 水泥砂浆面	100m2	SZN

图 7-19　挑檐天沟的做法

为了能让挑檐沿着建筑外围布置,需要设置定位点为左下端点,在示意图中可以看到定位点已经调整到左下角点。按照施工图,挑檐底标高为 18.000 m,因此挑檐顶面离本层楼地面的高差为 3 200 mm(层高+挑檐栏板高),将此数据输入"定位点高"栏中。使用"手动布置"的方式,以⑤轴上的柱端点为起点,沿着出屋顶楼层建筑外围绘制出挑檐的布置路径,最后使路径闭合,挑檐就布置完成了,如图 7-20 所示。

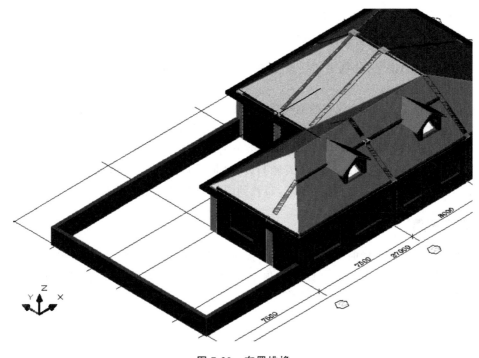

图 7-20　布置挑檐

练一练

（1）如何布置挑檐？

（2）如何计算挑檐的装饰工程量？

任务10 出屋顶楼层内外装饰

出屋顶楼层内装饰包括楼梯间、卫生间、会议室的内装饰和女儿墙的内墙装饰。

一、房间内装饰

命令模块:选择"装饰"→"房间布置"命令。
参考图纸:建施-01(建筑设计说明)。

依据建筑设计总说明,分别定义好顶层各个房间的地面、侧壁和天棚,操作方法可参考地下室内装饰的相关内容。

在定义楼梯间、卫生间和会议室的侧壁时,墙面的装饰面高应设置为5 500 mm,即坡屋面屋脊的高度,这样软件才能正确分析出斜顶墙的装饰工程量。将定义好的侧壁布置到房间中后,图中是按5 500 mm的高度来显示的,但软件能正确计算侧壁范围内各部分的装饰工程量,不会多算。

天棚的计算也是如此。在软件中,天棚只要按"同层高"布置即可,软件会自动分析到斜板的面积,但从天棚图形中无法直接看出来,布置到图上的天棚仍然是平的。

注意事项

当斜板下是吊顶天棚时,就不能取软件提供的天棚面积变量"S"作为工程量计算式,因为软件默认计算的是斜板面积。计算吊顶工程量时,应取原始面积变量"SM"作为工程量计算式,这样吊顶才能按水平面积计算。

二、出屋顶楼层外墙装饰

命令模块:选择"装饰"→"侧壁布置"命令。
参考图纸:建施-01(建筑设计说明)。

顶层外墙装饰的计算方法与地下室外装饰类似,也是通过侧壁来计算。其编号定义及计算项目可参考地下室外装饰的相关内容。在布置顶层外墙装饰时,使用"手动布置"的方式,沿建筑外围边线绘制出侧壁即可。

三、女儿墙内装饰

命令模块:选择"装饰"→"侧壁布置"命令。
参考图纸:建施-01(建筑设计说明)。

女儿墙内墙面装饰用侧壁来布置。其"属性"定义如图 7-21 所示。

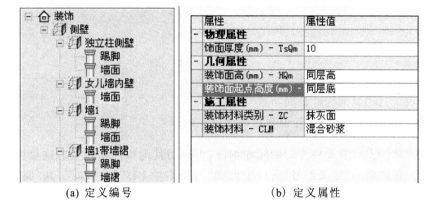

(a) 定义编号   (b) 定义属性

图 7-21 女儿墙内装饰编号和属性定义

定义完编号后,进入侧壁导航框,使用"手动布置"的方式,沿着女儿墙的内边沿将侧壁布置到图上。

四、女儿墙外装饰

命令模块:选择"装饰"→"侧壁布置"命令。

参考图纸:建施-01(建筑设计说明)。

与出屋顶建筑外墙装饰类似,用侧壁来布置女儿墙外装饰,墙面高度设置为 1 200 mm 即可。

练一练

(1) 如何布置出屋顶楼层的房间装饰?

(2) 如何计算女儿墙的内侧装饰?

任务 11 屋面装饰

屋面装饰分为两部分,一部分是平屋面的装饰,另一部分是坡屋面的装饰。

一、平屋面装饰

命令模块:选择"装饰"→"地面布置"命令。

参考图纸:建施-01(建筑设计说明)。

目前版本的软件中没有提供专门的屋面构件,可以用其他构件来代替。这里用地面来布置平屋面的装饰。在地面的"定义编号"窗口中设置"构件编号-BH"为"屋面",其"属性"定义如图7-22所示。

属性	属性值
物理属性	
构件编号 - BH	屋面
几何属性	
垫层厚(mm) - TD	150
找平层厚(mm) - TZ	20
卷边高(mm) - Ht	300
面层厚(mm) - TM	40
施工属性	
装饰材料类别 - ZC	其它面
装饰材料 - CLM	水泥砂浆

图 7-22 平屋面属性定义

在"几何属性"中,可以利用垫层厚来设置保温层厚度,在挂接保温层做法时,取垫层体积变量作为工程量计算式即可。在计算卷材防水面积时,取地面的面积 S 与卷边面积 SC 之和组成工程量计算式。

平屋面的计算项目如表7-5所示。

表 7-5 平屋面的计算项目

构件名称	计算项目	变量名
平屋面	保温隔热层面积	S
	保温层体积	VM
	找平层面积	S
	卷材防水面积	S+SC

平屋面的做法如图7-23所示。

定义好编号与做法后,便可以布置屋面了,在平屋面区域内进行布置即可。

编号	项目名称	单位	工程量计算式
010803001	保温隔热屋面	m2	S
铺粘保温层			
1008-78	屋面、室内铺砌加气混凝土块保温层	10m3	VM
010702001	屋面卷材防水	m2	S+SC
铺防水卷材			
1007-26	改性沥青防水卷材屋面 满铺 1.2mm厚	100m2	S+SC
抹找平层			
2001-17	楼地面水泥砂浆找平层（在混凝土基层上）厚20mm	100m2	S

图 7-23　平屋面做法

二、坡屋面装饰

目前软件内没有专门的坡屋面装饰布置功能，但由于坡屋面的面积与屋面板的面积之和相等，因此坡屋面的装饰防水工程量可直接用斜屋面板的工程量套用做法来计算。在指定做法的工程量计算式时，可以用板顶面积变量 ST 作为坡屋面装饰做法的工程量计算式。其计算项目如表 7-6 所示。

表 7-6　坡屋面的计算项目

构 件 名 称	计 算 项 目	变 量 名
屋面板	屋面找平层面积	ST（板顶面积）
	屋面防水层面积	ST

坡屋面的做法如图 7-24 所示。

编号	项目名称	单位	工程量计算式
010405001	有梁板	m3	V
混凝土制作、			
1004-35	非泵送现浇混凝土浇捣、养护 平板、肋板、	10m3	V
1012-72	现浇钢筋混凝土平板、肋板、井式板模板制	100m2	S
010702001	屋面卷材防水	m2	ST
铺防水卷材			
1007-26	改性沥青防水卷材屋面 满铺 1.2mm厚	100m2	ST
抹找平层			
2001-17	楼地面水泥砂浆找平层（在混凝土基层上）厚	100m2	ST

图 7-24　坡屋面的做法

这样便可以在输出板的工程量的同时，输出屋面的装饰工程量了。

项目 8

分析统计工程量

前面的项目已经详细讲解了卫生院工程模型的建立方法,模型建立完毕并给构件挂接好做法后,便可以计算工程量了。在输出工程量之前,应对建筑模型进行检查,核对构件的模型是否有问题,以及对计算规则进行校验,避免工程量计算错误。

任务 1 楼层组合

命令模块:"多层组合"。

选择"建模辅助"→"楼层显示"命令,弹出如图 8-1 所示的对话框。

在"楼层显示"对话框中选中"复选楼层"复选框,则楼层名称前都会出现一个选项框,选中所有楼层,然后点击"组合(A)"按钮,进行楼层组合设置。组合设置完毕后,命令行提示"楼层组合已经完毕,请切换到组合文档",此时点击菜单栏中的"窗口"按钮。在弹出的菜单中列出了当前在软件中打开的所有图形文档,文档的存储路径也会显示在列表中。其中,文件名为"3da_as-semble_file.dwg"的文件即楼层组合文件。在"窗口"菜单中选择楼层组合文件,软件便会切换到楼层组合视图,此时用户便可以从不同的角度来观察楼层模型了,用户还可以使用"构件显示"功能,选择要在楼层组合图形中显示的构件类型,如图 8-2 所示。

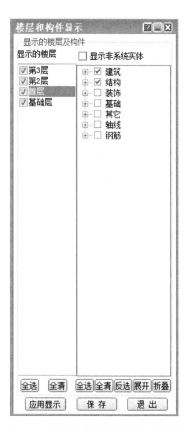

图 8-1　"楼层显示"对话框　　　　　图 8-2　"楼层和构件显示"对话框

练一练

（1）如何组合各个楼层的模型？

任务 2 图形检查

命令模块：选择"算量辅助"→"图形检查"命令。

　　图形的正确与否，关系到工程量的计算是否正确。而在图形建立的过程中，由于各种原因，会出现一些错漏、重复和其他一些异常的情况发生，影响了工程量计算的精度。此时可以通过图形检查工具完成对图形误差的检查，从而消除误差，保证计算的准确性。

　　首先使用"楼层显示"功能来打开需要检查的楼层图形文件，然后选择"报表"→"图形检查"

命令,弹出"图形检查"对话框,如图 8-3 所示。

图 8-3 "图形检查"对话框

从左侧的"检查方式"选项组中可以看出,图形检查可以对位置重复构件、位置重叠构件、短小构件、尚需相接构件、梁跨异常构件和对应所属关系等情况进行检查。而右侧的"检查构件"选项组中显示的是要接受检查的构件类型,选中相应的构件类型复选框即确定了要检查的构件。例如,可以检查当前楼层的墙、柱和梁中短小构件和尚需相接的构件,对于尚需相接构件,还需输入一个检查值,表示两个构件相隔多远时需要进行连接,这里设置检查值为"100"。点击"检查"按钮,待检查结束后,就可以点击"报告结果"按钮,在弹出的如图 8-4 所示的对话框中查看检查结果。检查结果以清单的方式列出了发生异常情况的构件的数量。

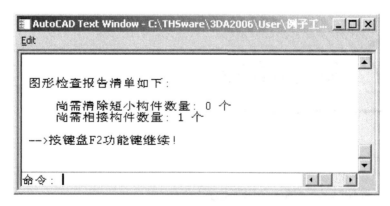

图 8-4 图形检查结果

从图 8-4 所示的图形检查结果中可以看出,当前的图形文件中有一个尚需相接的构件。按 F2 键返回"图形检查"对话框,然后可以对异常构件进行修正。点击"图形检查"对话框中的"执行"按钮,将自动返回图形界面,弹出如图 8-5 所示的"尚需相接构件"对话框,并且图中出现问题的构件会用虚线亮显出来,表示问题出在这些构件上。

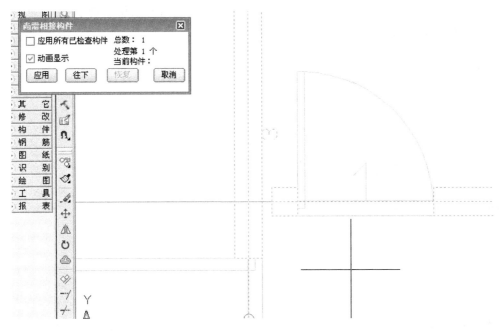

图 8-5　执行检查结果

由图 8-5 可以看出,虚线显示的两堵墙没有连接起来,此时只要点击"尚需相接构件"对话框中的"应用"按钮,软件便会自动修正构件,修正完后图形检查命令便结束了。修正结果如图 8-6所示。

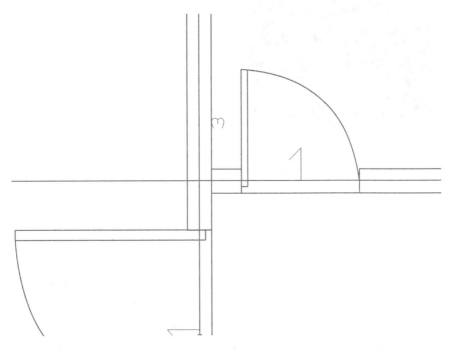

图 8-6　图形检查修正结果

如果检查报告中有多处异常构件,则依次点击"应用"按钮,软件可以逐一修正构件;如果不想逐一修正构件,可以在"尚需相接构件"对话框中选中"应用所有已检查构件"复选框,然后再点击"应用"按钮,软件便可以一次性修正所有的异常构件。

练一练

如果梁跨上出现梁跨异常报警提示,用哪几种方法可以纠正梁跨号?

任务 **3** 构件编辑

命令模块:选择"编辑"命令。

"构件编辑"功能用于查询和修改构件属性。执行命令后,软件弹出如图 8-7 所示的"构件编辑"对话框。

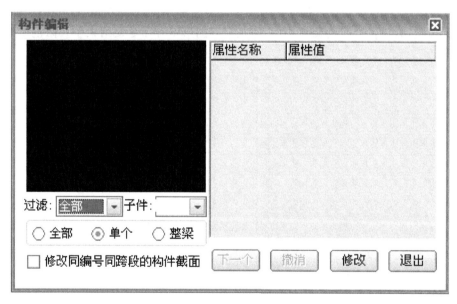

图 8-7 "构件编辑"对话框

在选择要编辑的构件之前,可以先在"构件编辑"对话框中设置构件筛选条件。点击"过滤"选项的下拉按钮,在下拉菜单中可以选择构件类型,如图 8-8 所示。

例如,在"过滤"下拉菜单中选择"柱",则对话框中显示出柱的属性,同时在界面中框选构件时,软件只选中框选范围内的柱子,其他构件自动忽略,右击确认。选择构件时,可以批量选择多个同类构件进行查询,如图 8-9 所示。

图 8-8　构件筛选条件设置

图 8-9　编辑柱的属性

在如图 8-9 所示的对话框中可以修改柱的相关属性,如"编号"、"材料"、"平面位置"、"楼层位置"、"柱子高度"及"颜色"等。利用"构件编辑"对话框只能修改构件中的可更改的属性,如果在构件属性中无法修改的属性(即只能在"定义编号"窗口中修改的属性),将不会显示在"构件编辑"对话框中。批量选择构件时,如果在预览栏下方选中"单个"单选框,则可以一个个地修改柱子,点击"下一个"按钮,便可以修改下一个柱子的属性;如果选中"全部"单选框,则修改的属性会作用于所选择的所有柱子。在计算钢筋工程量时,为了计算第三层部分顶层柱的柱筋,需要在"构件编辑[柱]"对话框中设置第三层的部分柱子的"平面位置"为"边柱"或"角柱",设置其"楼层位置"为"顶层"。这里还可以修改所选构件的颜色,用于突出显示修改过的或者具有某种特征的构件。修改完属性后,必须点击"修改"按钮,修改操作才是有效的。

在"过滤"中选择"梁"时,若选中"整梁"单选框,则可以一次性修改当前多跨连续梁的所有梁跨,如图 8-10 所示。

在如图 8-10 所示的"构件编辑"对话框中可以修改梁的截面形状和截面尺寸。点击"异形尺寸描述"的"属性值"中可以看到梁的截面尺寸描述,点击单元格中的下拉按钮,可以弹出尺寸输

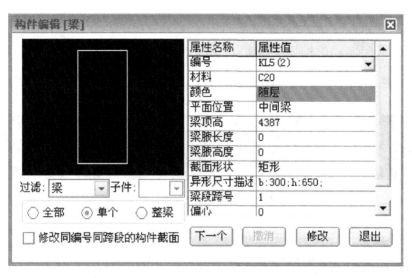

图 8-10　编辑梁的属性

入辅助框,如图 8-11 所示。

图 8-11　截面尺寸修改

输入新的截面尺寸后,双击对话框,则新的尺寸就输入到尺寸描述中了。如果同编号且同跨段的梁跨都有相同的修改,则选中"修改同编号同跨段的构件截面"复选框,再点击"修改"按钮即可。

> 💡 **温馨提示**
>
> 　　使用"构件编辑"功能批量选择构件时,如果构件的属性值不同,则对话框中相应的属性会显示不相同的属性值。若选中"全部"单选框时,如果批量选择的构件截面形状或尺寸不同,则预览栏中将不会显示构件的截面形状。不同类型的构件,在"构件编辑"对话框中可更改的属性也不同。
>
> 　　"修改同编号同跨段的构件截面"复选框可用于梁与条基的修改。当选择其他构件时,该选项为灰色的不可选择状态。

如果使用"构件编辑"功能修改带有子构件的构件，如基础、侧壁等时，则"构件编辑"对话框中的"子件"选项框会变为可选择状态，从下拉列表中可以选择相应构件的子构件，以修改子构件的属性，如图 8-12 和图 8-13 所示。

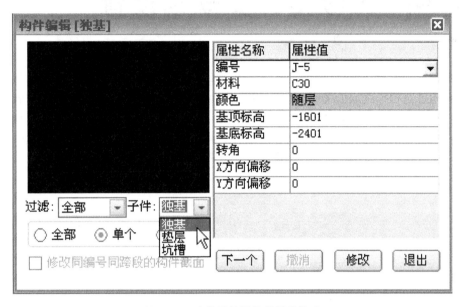

图 8-12　独基及其子构件属性修改

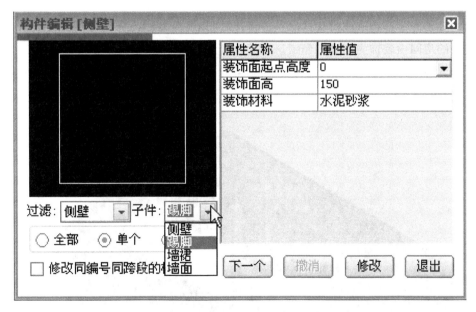

图 8-13　侧壁及其子构件修改

任务 4 工程量计算规则设置

在分析统计工程量之前,还需要进行计算规则的校验和设置。在计算构件工程量的时候,往往要考虑构件与构件之间的关系,从而分析出增减工程量,使工程量不会多算或者漏算。例如,墙与墙上的洞口之间存在扣减关系,必须将洞口所占的体积从墙的体积中扣除,墙的工程量才能符合计算规则的规定。同时,不同省区的计算规则也不相同,如果计算规则设置不正确,工程量也就无法准确输出。因此,校验计算规则是否正确和对计算规则进行设置是输出工程量的必要准备工作之一。

一、核对构件

命令模块:选择"报表"→"核对构件"命令。

核对构件功能主要用于核对构件的工程量计算明细,以及校验计算规则是否正确。下面以出屋顶楼层的房间内装饰为例进行介绍。

在三维视图下观察出屋顶楼层的侧壁,如图 8-14 所示,可以看出侧壁的高度与实际情况不同。

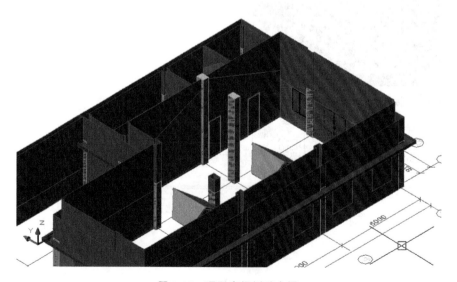

图 8-14 顶层房间侧壁布置

可以使用"核对构件"功能来验证一下软件对这部分侧壁的计算是否正确。选择"报表"→"核对构件"命令后,选择要核对的侧壁,如选择楼梯间侧壁,右击确认,弹出如图8-15所示的"工程量核对"对话框。

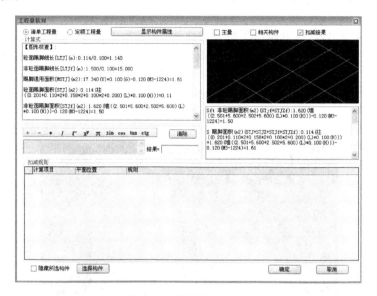

图8-15 核对侧壁工程量

在该对话框中可以查看侧壁的计算明细,各种中间量都有中文注释。在"图形核查"下方的计算式中选择"砼面墙面面积"计算式,在图形窗口中将会出现软件分析出来的楼梯间混凝土墙墙面的装饰面积,如图8-16所示。

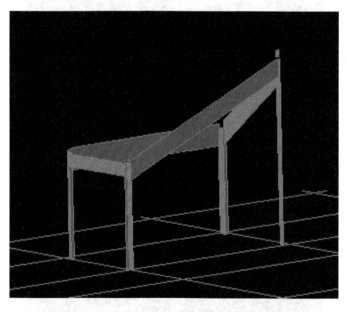

图8-16 楼梯间侧壁——砼墙墙面面积核查图形

注意

选择计算式时,应点击计算式的最末尾处。

由图 8-16 可以看出,软件分析出了斜梁的面积,并且柱子侧壁的抹灰高度也是正确的。用户可以核对计算式的数据是否正确,如果计算明细错误,则可能是计算规则设置不正确,需要进行调整。

同样的,在计算式中选择"非砼面墙面面积",在右侧的预览栏中将显示如图 8-17 所示的核查图形。

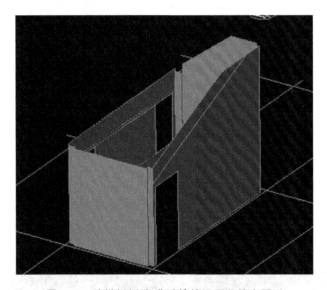

图 8-17　楼梯间侧壁-非砼墙墙面面积核查图形

下面核查顶层天棚的工程量。会议室天棚面积核查图形如图 8-18 所示。

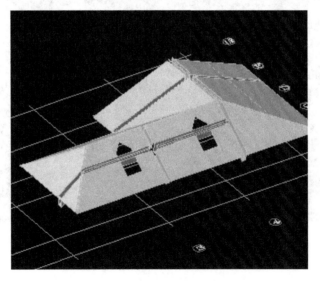

图 8-18　会议室天棚面积核查图形

温馨提示

在"核对构件"对话框中,核查图形的初始视角与执行图形核查命令时绘图工作区的视角相同。例如,在水平视图时核查单段的侧壁,在核查图形中也会显示平面的图形,无法看出侧壁的立体图形。因此,建议在三维视图状态下核对构件,这样显示的核查图形也是三维的。另外,在核查图形区,可以通过拖动鼠标来改变视图方向或大小。其操作方法与在CAD绘图工作区不同:点击鼠标左键为旋转视角,点击鼠标右键或滚动鼠标滚轮则为放大缩小,按住中键(滚轮)拖动是平移视窗。

 练一练

(1) 在核对构件中发现工程量计算错误,应如何调整?

(2) 在软件中能否将核查图形输出到界面中?

二、计算规则设置

命令模块:"算量设置"。

在新建工程时选择的计量模式和定额名称决定了软件算量时采用的计算规则,计算规则默认按各地计算规则设置,一般情况下无须调整。但如果核对构件时发现计算明细不符合计算要求,则须修改计算规则。例如,前面使用"核对构件"对话框查看的出屋顶楼层楼梯间侧壁,其"砼面墙面面积"的计算式中包含了"有墙梁侧"的抹灰量,如图 8-19 所示。如果有墙梁侧的抹灰应算到天棚抹灰面积中,则可以通过调整计算规则来实现。

砼面墙面面积[SQm](m2):3.959(柱
((0.109+0.2)(L)*3.042(H)+(0.2+0.1+0.1+0.16)(L)*2.931(H)+(0.16+0.
106)(L)*5.184(H)))+10.267(有墙梁侧)-0.066(梁头)-1.638(板)=12.522

图 8-19　内墙面抹灰工程量计算式

选择"工具"→"算量选项"命令,弹出如图 8-20 所示的"算量规则"对话框。

在"算量规则"对话框中的"计算规则"选项卡中已经按不同的构件类型提供了齐全的计算规则明细,并且分为"清单规则"与"定额规则"。因为同类构件的某些特征不同,所以不是同类构件都适用相同的规则,如砼墙和砌体墙的规则是差别很大的。为了查看方便,计算规则是分级设置的,先按构件类型分级,构件类型下再按某些特征分级(如"砼结构"和"砌体结构","内墙"和"外墙")。在查询某特定类型构件的所有规则时,要从构件类型一级看起,再往下一级一级地查询。下面以侧壁子构件墙面的清单规则为例进行介绍。在对话框左侧的构件类型列表中有"墙面"节点,在"墙面"节点下还按"装饰"材料类别分别列出"块料面"和"抹灰面"两个子节点,每个子节点下又按内外面描述分为"内墙面"和"外墙面"两个子节点。选中"墙面"节点时,

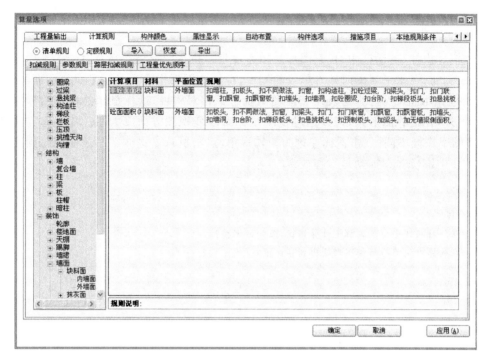

图 8-20 计算规则设置

右边的窗口中显示的计算规则是通用规则,即不分内外面描述及装饰材料类别所有侧壁均适用。例如,选中"抹灰面"下的"内墙面"时,右侧的窗口中显示的计算规则是必须满足"抹灰面"及"内墙面"的侧壁能适用的规则。依此类推,下级节点上的计算规则与父节点上的计算规则组合起来,才是该构件类型特定特征类型的全部的计算规则。点击"规则"列中的下拉按钮,便可以进入"选择扣减项目"对话框,如图 8-21 所示。

图 8-21 "选择扣减项目"对话框

在"选择扣减项目"对话框的"已选中项目"栏中列出的便是当前内墙面抹灰所采用的计算规则,软件按照这些计算规则计算墙面抹灰工程量,而"所有可选项目"栏中列出的是可供选择的计算规则。通过添加或删除扣减项目便可以调整计算规则。

在"已选中项目"栏中选中"加有墙梁侧",双击该项或点击"删除"按钮,该项目就移动到左侧的"所有可选项目"栏中。点击"确定"按钮,调整结果便保存下来了。按相同的步骤,设置天棚的计算规则,使天棚的抹灰面面积中包含"有墙边界梁侧"、"有墙中间梁侧"等。设置完后点击"确定"按钮,退出"算量选项"对话框。下面再使用核对构件功能核对一下楼梯间的侧壁,其"砼面墙面面积"的计算式变成了如图 8-22 所示的计算式。

```
砼面墙面面积[SQm](m2):3.959(柱
((0.109+0.2)(L)*3.042(H)+(0.2+0.1+0.1+0.16)(L)*2.931(H)+(0.16+0.
106)(L)*5.184(H)))-0.066(梁头)-0.063(板)=3.83
```

图 8-22　核对砼面墙面面积计算式

可以看出,有墙梁侧已经不包含在砼墙面的抹灰面积中,计算规则调整成功。

而天棚的核对结果如图 8-23 所示。

```
面积[Sm](m2):208.061(板)+1.085(有墙中间梁底)+9.138(有墙中间梁侧
)+12.304(无墙中间梁底)+41.056(无墙中间梁侧)+32.895(有墙边界梁侧
)-0.176(相交梁头)-3.645(老虎窗)=300.718
```

图 8-23　核对天棚的计算式

天棚的抹灰已经加上了有墙梁侧的面积。

在计算规则中除了可以选择扣减项目外,还可以设置扣减条件。选择"计算规则"选项卡下的"参数规则"选项卡,如图 8-24 所示。

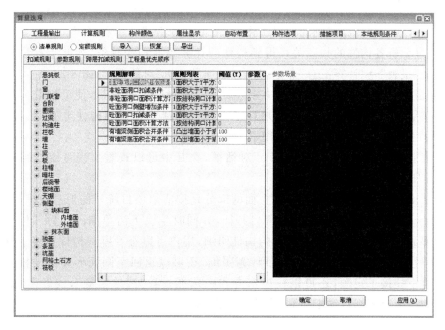

图 8-24　参数规则设置

在"计算规则"选项卡中可以设置扣减规则的扣减条件或者工程量的计算方法。例如,侧壁扣减洞口的条件,坑基(挖土方)的工作面计算方法、边坡计算方法等。其中的规则均默认按各地计算规则设置,一般情况下无须调整。

 温馨提示

点击"计算规则"选项卡中的"恢复"按钮,可以取消所有调整,恢复成软件默认的计算规则设置。"导入"与"导出"按钮分别用于导入其他工程的计算规则和导出本工程的计算规则。

练一练

(1)如果板与梁重叠的部分要按板算量,梁剩余部分仍按梁算量,那么在"计算规则"选项卡中应如何设置?

(2)如果土石方计算不考虑放坡,在"计算规则"选项卡中应如何设置?

任务 **5** 分析统计工程量

命令模块:选择"报表"→"计算汇总"命令。

在完成图形检查和计算规则的设置工作后,便可以分析统计工程量了。工程量分析是根据计算规则,通过分析各构件的扣减关系得到构件的计算属性和扣减值,因此工程量分析是统计的前提。选择"报表"→"计算汇总"命令,弹出"工程量分析"对话框,如图 8-25 所示。

在"工程量分析"对话框中可以选中"分析后执行统计(S)"复选框,使工程量分析和统计同步进行。在楼层中选择要分析的楼层,并且在构件中选择要分析的构件类型,然后点击"确定(O)"按钮,便可以分析和统计构件的工程量了。

统计结束后会弹出"工程量分析统计"对话框,在其中可以查看工程量统计结果和计算明细,如图 8-26 所示。

统计结果由两部分组成。对话框中上面的部分是按清单项目统计的汇总数据,在清单的项目名称中,系统自动生成了每条项目的项目特征,并同时生成了清单编码的后三位序号。对话框中下面的部分则是每一条清单项目下的构件明细,用户可以查看哪些构件挂接了这条清单项目,以及工程量计算式明细。双击某一条计算明细,还可以返回至图面形界面中核查图形。如果在清单项目下挂接了定额,还可以在显示方式中选择查看"清单定额",或者是"定额子目汇总",则所有的措施定额都自动汇总到"措施定额汇总"中。

图 8-25 "工程量分析"对话框

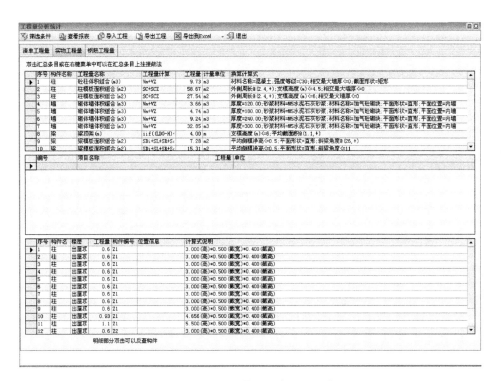

图 8-26 "工程量分析统计"对话框

温馨提示

在统计结果中,计算明细中的工程量使用的是自然单位,定额子目的工程量使用的是定额单位。

练一练

(1) 如何分别将清单汇总表与构件明细表复制到 Excel 表格中?

(2) 脚手架和混凝土构件的模板工程量统计结果在哪里可以查看?

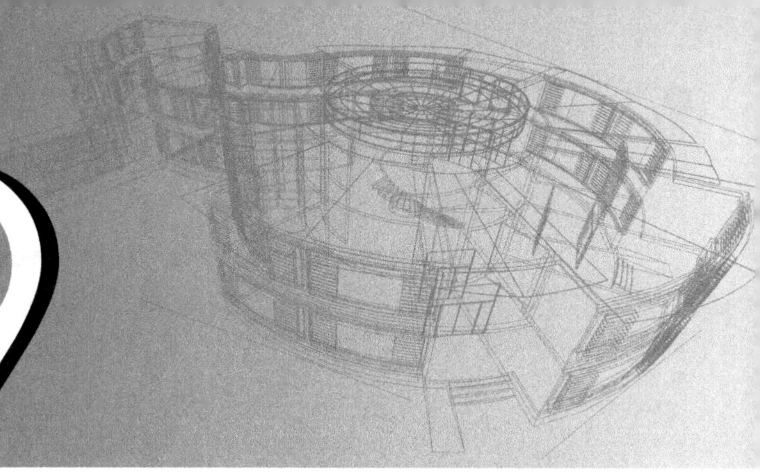

9

报表输出

得到工程量统计结果后，便可以将结果输出到报表进行打印了。

用户可以直接在统计结果预览界面中点击"查看报表"按钮，进入"报表打印"界面。也可以在统计完工程量后，选择"报表"→"报表"命令，进入"报表打印"界面。

进入"报表打印"界面后，从界面左侧的"报表目录"树中选择要查看的报表，在界面右侧的预览窗口便可以查看到相应报表的内容，如图9-1所示。

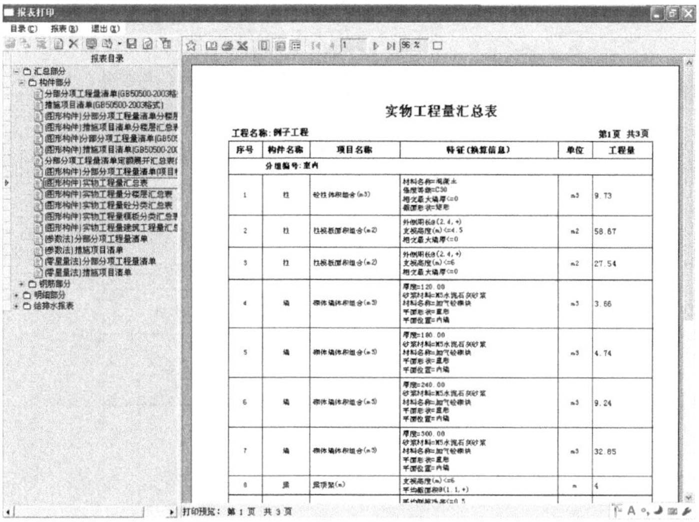

图9-1　报表打印

例如，在"分部分项工程量清单"中，系统将自动按照分部分项工程输出清单工程量。

报表目录树中不是所有的报表都需要打印，当选择清单输出模式时，常用的清单报表有清单工程量明细表、综合工程量明细表、分部分项工程量清单等。其他一些特殊报表可以根据需要选择打印。

对于零星项目，如本工程中的台阶与雨篷装饰，需要打印特殊报表下的零星预制门窗部分的零星清单工程量汇总表，如图9-2所示。

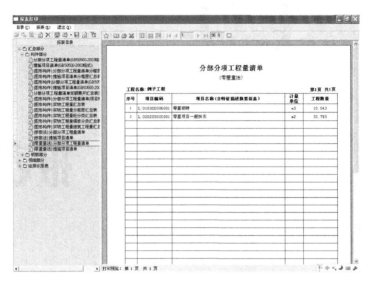

图 9-2　零星清单工程量报表

对于需要打印的报表,选中相应的报表后选择"报表"→"打印"命令即可。如果需要将报表另存为 Excel 文件,可选择"报表"→"另存为 Excel"命令,在弹出的对话框中选择保存的路径即可,保存之后系统会自动打开 Excel 文件,其效果如图 9-3 所示。

图 9-3　将报表另存为 Excel 文件

温馨提示

在报表目录树中,将报表名称中带有"+"号的选项展开,可以看到当前工程的楼层信息,点击其中的某一楼层,可得到所选楼层的构件工程量。可以展开楼层明细的报表有"清单工程量明细表"、"定额工程量明细表"、"不挂做法工程量明细表"、"钢筋计算表"等。

项目 10

识别建模

在介绍建筑工程量工作流程时曾提过,建筑模型的建立方式分为手工建模和识别建模两种。有电子施工图时,可通过导入电子图文档的方式进行构件识别。前面的项目中已经介绍了手工建立工程建筑模型的方法,本项目主要介绍识别建模的方法。

任务 1 识别建模与手工建模的关系

虽然建筑模型可以通过识别电子图的方式来建立,但不是所有的构件都可以通过识别的方式创建。目前,系统件能够识别的构件有轴网、基础、柱、梁、墙与门窗等,其他构件仍然需要手工绘制,如板、楼梯、飘窗、过梁、房间装饰、脚手架等。也就是说,识别建模与手工建模是相互补充的。利用识别建模,可以提高工作效率,快速建立结构模型;而利用手工建模,则可以完成无法识别的构件的创建。

对电子图的识别存在识别率的问题,绘制规范的电子图,识别率就高,反之则低。对于识别错误的构件,需要手工调整。因此,掌握手工建模的操作方法是学习识别建模的基础,建议在完成项目 3 至项目 8 的手工建模知识点的学习后,再对识别建模的相关内容进行学习。灵活运用识别建模与手工建模,将大大提高工作效率。

任务 2 识别建模的工作流程

本工程中能够利用电子施工图进行识别的构件有各层的轴网、基础(独基、条基)、柱(暗柱)、梁、墙和门窗等,而其他的构件仍然需要手工建模。因此,识别建模的工作流程与手工建模有相似的地方,其具体流程如下。

（1）新建工程项目。

（2）工程设置。

（3）识别建模:建立轴网、基础(独基、条基)、柱(暗柱)、梁、墙与门窗等。

（4）手工建模:建立工程其他构件。

（5）挂接做法。

（6）校核、调整图形与计算规则。

（7）分析统计。

（8）输出、打印报表。

在上述的工作流程中,除步骤(3)外,其他的工作流程均可以参考手工建模的相关内容。本项目着重介绍识别建模的操作方法与注意事项。

参考项目3的内容新建工程并完成工程设置后,便可以进行算量模型的建立工作。下面先用识别电子施工图的方式来进行首层模型的建立。识别建模遵循以下的工作步骤。

（1）导入施工图。

（2）对齐施工图。

（3）识别施工图。

（4）清空施工图。

识别电子图的顺序应按柱、梁、门窗、墙的顺序来完成。要识别某一层的模型,应先使用"楼层显示"功能切换到目标楼层,再继续识别工作,不可在一个楼层中识别其他楼层的模型。

任务 3 识别首层轴网与柱子

命令模块:"识别"菜单。

插入图纸:G-12 一层柱平面结构图。

切换到首层图形文件,选择"识别"→"导入施工图"命令,弹出"选择插入的电子文档"对话框,如图 10-1 所示。培训例图的电子文档存储于斯维尔软件默认的安装目录下,在对话框中找到培训例图文件夹后,进入文件夹里的结构文件夹,选择"G-12 一层柱平面结构图",点击"打开(O)"按钮,完成电子文档的插入。

首先进行轴网的识别。选择"识别"→"识别轴网"命令,弹出"轴网识别"对话框,按命令行提示,选择轴线,可以看到轴线图层从图形界面中消失了,并且轴网图层的名称会出现在对话框中,如图 10-2 所示。图层名称的"√"符号,表示当前图层为被选中状态,如果去掉"√"符号,则系统将不识别该图层上的图元,该图层也会重新显示到图形界面上。再选择轴网标注,右击确

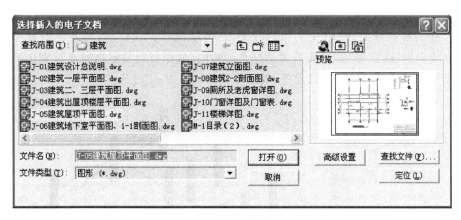

图 10-1 "选择插入的电子文档"对话框

认,然后点击对话框中的"自动识别"按钮 ，完成轴网的识别。

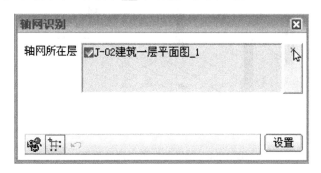

图 10-2 "轴网识别"对话框

识别后的轴网显示为灰色,表明识别成功。或者可以利用"隐显轴网"功能试着将轴网隐藏一下,如果轴网能够隐藏,则说明轴网已经识别成功。

下面仍利用这个电子施工图文件,进行柱子的识别。选择"识别"→"识别柱体"命令,弹出"柱识别"对话框。按命令行提示选择图形界面中的柱边线,柱被选中后图形界面中所有的柱会自动消失。在选择识别图层的过程中,如果选择错了,可点击"撤销"按钮 来重新选择图形。选择完后右击确认,对话框中的工具栏会变为亮显状态,并且系统会自动将柱与柱编号标注的图层信息显示到对话框中,如图 10-3 所示。

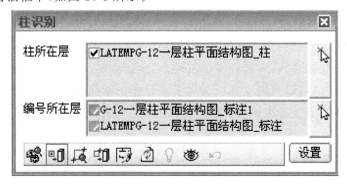

图 10-3 "柱识别"对话框

点击"设置"按钮,可以在弹出的对话框中对即将识别出来的柱进行参数设置,这里均取默认值即可。在实际操作中,可以单个识别柱子,也可以框选识别柱子,最方便的方法是自动识别,点击"自动识别"按钮🖳,识别完后对话框自动关闭,命令行会显示出所有识别出的柱子编号及其截面尺寸。识别后的柱子变成蓝色,其三维效果如图10-4所示。

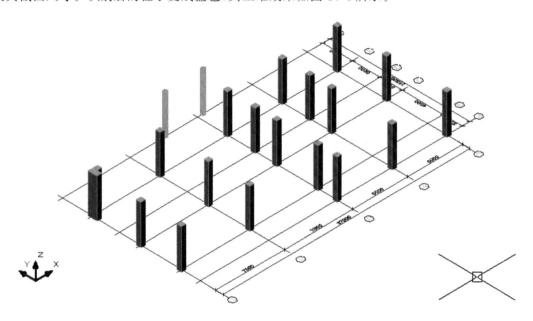

图 10-4　轴网与柱子识别效果图

　　利用一层柱结构平面图识别完轴网与柱子后,如果不用计算钢筋工程量,则这份电子图的使用就结束了。为了不影响其他电子图的识别,应进行图面清理工作。选择"识别"→"清空设计图"命令,将无用的图形删除,只留下识别出来的柱子与轴网。

　　需要注意的是,识别出来的柱子还没有挂接做法,这种情况下如果选择清单或定额输出模式是无法计算出柱子工程量的。因此下一步的工作是给柱子挂接做法。

　　挂接做法的方法有两种:一种是选择"构件"→"定义编号"命令,进入"定义编号"窗口,在其中给柱编号挂接做法(柱子的计算项目及做法挂接方法详见项目4任务3);另一种方法是选中要挂接做法的柱子,可以批量选择,然后使用"构件查询"功能,进入"做法"页面给柱子挂接做法。

💡 温馨提示

　　检查柱子是否识别成功,可对柱子进行渲染,能够渲染的柱子说明识别成功。如果有些柱子没有识别成功,可以使用点选识别柱子或框选识别柱子的功能对柱子进行识别,直至全部柱子被识别为止。多次识别不成功可转用手工布置。

小技巧

如果多张施工图存放在一个 ＊.dwg 文件中,可以先在 CAD 软件中使用"写块"命令(在命令行执行"wblock"命令)来分解施工图。执行"写块"命令后,使用对话框中的"对象选择"功能从图形界面中选择要分离的施工图单元,并指定其文件名与存储路径,点击"确定"按钮,则使用选定的施工图单元创建了一个 ＊.dwg 文件。依此步骤,依次将电子文档中所有的施工图存储为新的图形文件,便于识别。

练一练

(1) 如何识别轴网?

(2) 如何识别柱子? 柱子的混凝土强度等级应如何设置?

(3) 如何给识别后的柱子挂接做法?

(4) 如果施工图上有画漏的图形或者线条,可以用识别命令中的什么功能补画?

任务 **4** 识别首层梁

命令模块:"识别"菜单。

插入图纸:G-08 一层楼面梁结构图。

在识别出来的轴网和柱子的基础上,识别首层梁。首先选择"识别"→"导入施工图"命令,在弹出的对话框中选择"G-08 一层楼面梁结构图",将首层梁的电子施工图插入到软件中。插入的梁结构平面图,如图 10-5 所示,可以看出,它与先前识别的柱图是错开的,因此在识别梁之前,必须先将两张施工图对齐。

对齐的方法是选择"修改"→"移动"命令,当光标变成选择状态时,点选梁结构图上的某一根线条,由于刚插入的施工图仍然是一个完整的图块,因此选择图中的任意线条时,整个梁结构图也就被选中了。此时右击确认,命令行提示如下。

指定基点或位移:

其中,基点指的是用于移动与对齐的点,这里选择①轴与Ⓐ轴的交点。选取交点后,便可以以该点为基点移动梁结构图,按命令行提示选择位移的第二点,此时同样选择柱图上的①轴与Ⓐ轴的交点,这样梁结构图就与柱图对齐了。

下面进行梁的识别。选择"识别"→"识别梁体"命令,弹出"梁识别"对话框。按命令行提示选择梁边线,当所有的梁都从图形界面中消失后,右击确认梁图层就选中了,如图 10-6 所示。

点击对话框中的"设置"按钮,设置梁的默认材料为 C30。梁的识别方式有三种,分别为选线识别、窗选识别和自动识别。如果施工图比较规范,则可以点击"自动识别"按钮 来识别梁。

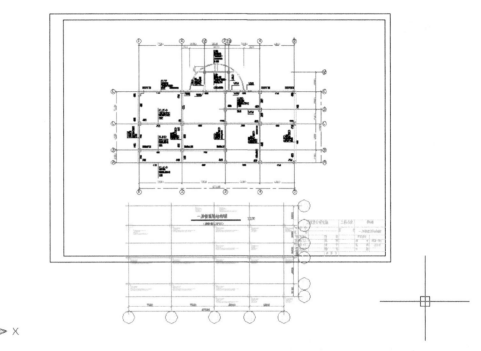

图 10-5　插入首层梁结构图

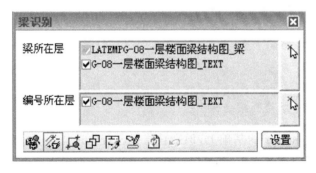

图 10-6　"梁识别"对话框

如果自动识别无法完全识别所有的梁,还可以点击"选线识别"按钮，手动选择要识别的梁边线进行识别。这里可以选择自动识别的方式来识别梁,识别操作完成后对话框自动关闭。识别出来的梁的三维效果如图 10-7 所示。

　　如果要计算钢筋工程量,可以在识别完首层的梁后继续使用这张施工图来识别梁筋(可参考项目 8 任务 3)。如果不想识别梁筋,此时可选择"识别"→"清空设计图"命令,将无用的图形删除。可以选择"构件"→"定义编号"命令,进入"定义编号"窗口,给梁的各个编号挂接做法,其操作方法可参照考项目 4 任务 2。

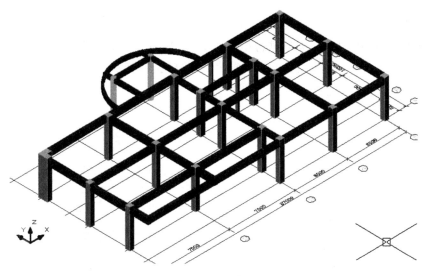

图 10-7 识别出的梁

> **注意事项**
>
> 　　如果识别出来的梁显示为粉红色,就表明这条梁识别出来的梁跨数与编号中的跨数不符合,有错误。假设识别梁 KL1(8)时只识别出 7 跨,这条梁就会显示成粉红色,需要手动调整梁跨或修改编号。如果识别出来的梁显示为深红色,就表明这条梁的截面信息没有识别正确,软件没有读取到截面信息,其宽度取图形梁线之间的宽度,高度取 800 mm。

练一练

(1) 如何识别梁?

(2) 当施工图上的梁无法完全识别时应如何处理?

(3) 如何检查梁识别是否有错?

(4) 为何识别时有的梁会显示成红色?

任务 5 识别门窗表

命令模块:"识别"菜单。

插入图纸:J-10 门窗详图及门窗表。

识别完柱和梁后,接着识别首层的墙体和门窗。在识别墙和门窗之前,应先识别门窗表,通过门窗表来生成门窗编号,软件才能依据门窗编号来识别门窗。选择"识别"→"导入设计图"命令,在弹出的对话框中选择"建筑"文件夹中的"J-10 门窗详图及门窗表",在界面中打开。由于门窗表上没有需要识别的构件,无须进行施工图对齐,如果导入的门窗表与之前识别的构件重叠,会影响门窗表的识别。为了精确识别门窗表,应将门窗表移到界面中的空闲区域,如图 10-8 所示。

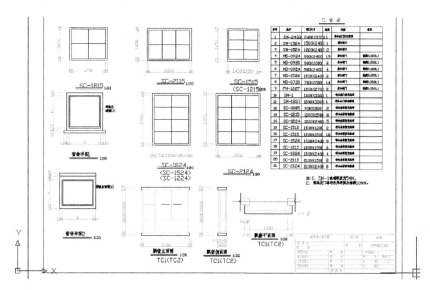

图 10-8　导入门窗表

下面选择"识别"→"识别窗表"命令,此时光标变成选择状态,根据命令行提示选择门窗表,用光标选择门窗表表框外右下角的某一点做为起点,向表格左上角移动光标,选择表框外左上角某一点作为终点,这样,门窗表就处于被选中状态,右击确认选择,系统会自动弹出如图 10-9 所示的对话框。

图 10-9　"识别门窗表"对话框

由该对话框中可以看出,门窗表中的门窗编号及洞口尺寸数据已经识别到表格中。其中,表格的表头应为软件可以辨别的表头。第一行为图纸中的表头,系统会对已识别的表头,根据文字自动判断表头是否对应。已经对应的单元格底色变成绿色,没有对应的单元格底色为红色。如需修改,可选中单元格,点击后面的下拉按钮,在下拉菜单中选择所需的表头即可。如果原始表中的门窗数据有误,可以直接在表格中修改后,点击"转化"按钮,修改结果便可反映到"识别出的表"中了。最后点击"确定(D)"按钮,弹出"选择门窗类型"对话框。其中根据门窗编号的字母,来判断该字母对应的门窗或门联窗的类型。设置完毕后,点击"确定"按钮,门窗表便识别完毕。进入"定义编号"窗口,可以看到,在门和窗节点下已经生成了门窗编号,并且其对应的参数都已经识别到属性中,系统便是依据这些编号来识别门窗的,如图 10-10 所示。

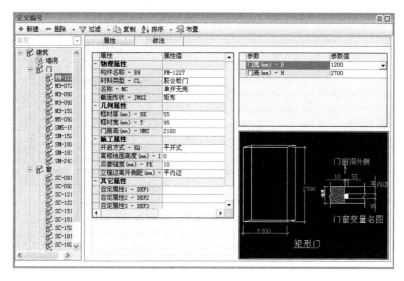

图 10-10　识别出的门窗编号

　　识别完门窗表,选择"识别"→"清空设计图"命令,将无用的门窗表从图形界面中删除。然后选择"全开图层",将先前识别的构件显示出来,就可进入下一步识别工作。

注意事项

　　选择门窗表时,既不可少选表格直线,也不可多选表格直线,否则软件将不进行选择。

任务 6 识别首层墙与门窗

　　命令模块:"识别"菜单。
　　插入图纸:J-02 建筑一层平面图。

　　下面导入建筑一层平面图来识别首层的墙与门窗。在识别之前,同样先选择"修改"→"移动"命令对齐施工图(参照梁识别任务)。为了方便识别,先使用"构件显示"功能将图面上的梁隐藏起来,只显示柱、轴网与建筑一层平面图(即显示非系统实体),如图 10-11 所示。

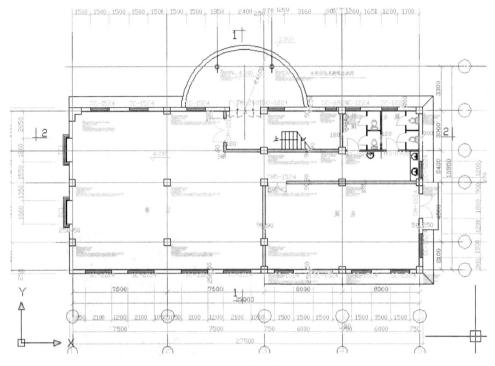

图 10-11　建筑一层平面图

在斯维尔软件中,墙和门窗可以同步识别。选择"识别"→"识别墙体"命令,弹出如图 10-12 所示的"墙识别"对话框。

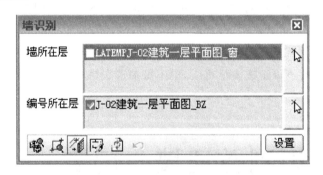

图 10-12　"墙识别"对话框一

此时,命令行提示"请选择墙线",并且光标变成选择状态,在图纸中提取墙线,所有的墙线隐藏,标示图层提取完成。提取完成后,右击确认,此时命令行提示"请选择墙线"。这时可以选择墙线对墙进行识别了。但是在识别墙体之前,应先选择墙上的门窗图元,以实现识别出来的墙段相连而不被门窗图元打断,同时也可将门窗同步识别出来。点击命令行提示的"门窗线"按钮,开启门窗提取功能。用光标选择门窗图元,选择完毕后同一门窗图层上的图元会自动从图形界面中消失,如有遗漏可继续选择,直至所有门窗图元全部隐藏为止。接着选择门窗编号文字,注意若不选择门窗编号,软件将无法正确识别门窗。当所有的门窗编号也从图形界面中消失后,右击确认,弹出如图 10-13 所示的"墙识别"对话框。

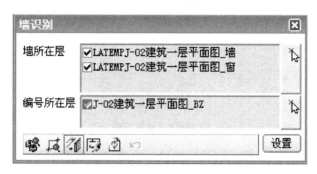

图 10-13 "墙识别"对话框二

此时,命令行提示"请选择墙线",使用光标选择墙边线,直至所有的墙图元从图形界面中消失,然后右击确认,墙识别对话框中的按钮便成为如图 10-13 所示的亮显状态了。点击"设置"按钮,弹出"识别设置"对话框。

由建筑说明可知,首层大多数的墙为砌体墙,应设置"默认的标头"为砌体墙编号"QT",设置"材料类型"为"非砼",设置"默认的高度"为"同层高"等,如图 10-14 所示。设置好各种选项后便可以识别墙了。

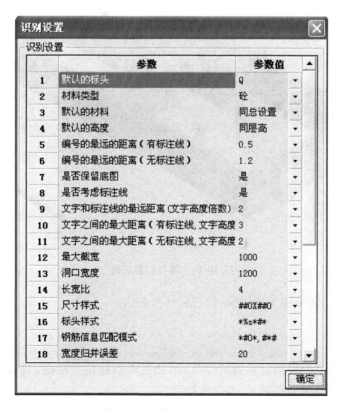

图 10-14 墙识别设置选项

在"墙识别"对话框中点击"单选识别墙"按钮，然后选择要识别的墙的某条边线，如选择Ⓔ轴上的墙边线，右击确认，系统便会自动识别出Ⓔ轴上的所有墙段，并且同时识别出墙上的所有门窗，如图 10-15 所示。

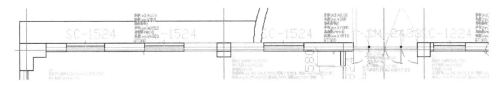

图 10-15　墙体识别

按照相同的步骤，依次选择要识别的墙边线。选择墙边线时也可以批量选择，只要所选择的墙边线不是一个方向上的即可。由于软件无法识别飘窗，①轴上的混凝土墙可以使用手动布置的方法。在"定义编号"窗口中定义一个混凝土墙的编号，再将这堵墙布置到图形界面中即可。将所有的墙和门窗识别出来后的三维效果如图 10-16 所示。

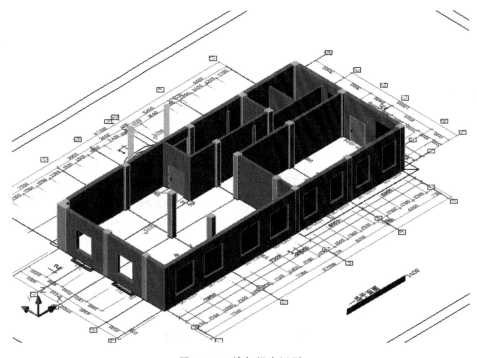

图 10-16　墙与门窗识别

识别完墙和门窗，清空施工图，然后给它们挂接做法。

 注意

软件允许同编号的墙拥有不同的厚度，因此在给墙挂接做法时，建议在不同厚度墙的"构件查询"窗口中分别挂接做法，以区分统计。

本工程中有三种不同厚度的墙，分别为"300"、"180"、"120"，在给它们挂接做法时，可以选择"构件"→"构件筛选"命令，弹出"构件筛选"对话框，如图 10-17 所示。

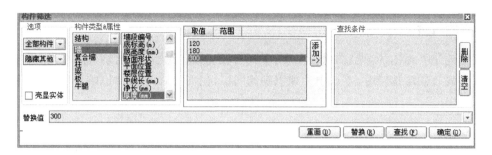

图 10-17 "构件筛选"对话框

在"构件类型 & 属性"选项组中的"结构"下拉菜单中选择"墙",在墙的属性列表中选择"厚度(mm)",则图形界面中的所有的墙厚度类型便会显示到"取值"选项卡中,选择其中的一个厚度,如双击"300","查找条件"栏中会出现"墙　厚度(mm)==300"。在最左边的"选项"选项组中选择"全部构件"、"隐藏其他",则在筛选后只在图形界面中显示符合条件的墙段。设置完毕后点击"查找(F)"按钮,筛选出符合条件的墙,再点击"确定(O)"按钮,返回图形界面,此时图上所有 300 mm 厚的墙就筛选出来了,其他构件全部隐藏,如图 10-18 所示。

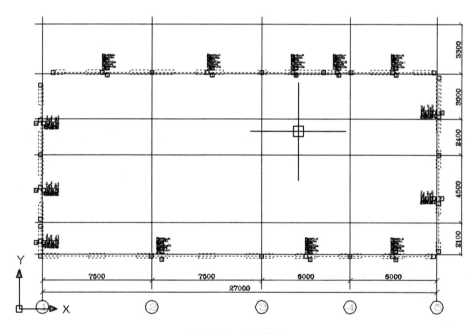

图 10-18 墙段筛选

这样便可以批量选择多段墙,使用"构件查询"功能挂接做法。在挂接完当前墙段的做法后,使用"图形刷新"功能,恢复其他墙段和构件的显示,再使用"构件筛选"功能查找其他厚度的墙,继续挂接做法,这样便可快速完成墙做法的定义。

温馨提示

　　一般建筑平面图的图层都比较多,图形界面较复杂,因此在识别墙与门窗时,容易选错图层。当发现图层选错时,不选中无须识别的图层,便不会对该图层上的图元进行识别。

练一练

(1) 如何识别墙和门窗? 墙和门窗能分开识别吗?

(2) 如何识别砌体墙?

(3) 如何给识别出来的墙挂接做法?

任务 7 首层其他构件

　　在前面的项目中已经识别出首层的轴网、柱、梁、墙和门窗,但首层其他的构件是暂时无法识别的,如板、飘窗、过梁、房间装饰、楼梯、脚手架等,因此仍然需要使用手动布置的方式,将首层其他构件布置到图面上。其操作方法可参考项目 5 中的相关内容。

 小技巧

　　选择"构件"→"构件转换"命令,可以分别实现"柱-暗柱-构造柱-独基"、"梁-暗梁-条基"、"板-筏板"、"门-窗-墙洞"之间的相互转换。利用"构件转换"功能可以扩展软件的识别功能。例如,软件无法识别的条基(基础梁),可以先识别成梁,再用"构件转换"功能将梁转换成条基。

任务 8 其他楼层的处理

　　按照首层构件的识别方法,同样可以识别出地下室、2 层与 3 层的轴网、柱、梁、墙和门窗。但需要注意的是,为了让楼层组合不错位,各层的轴网必须对齐,这样,各楼层在组合时才能搭接起来。因此,在切换到其他楼层进行识别时,可以不用再识别轴网,直接使用"拷贝楼层"功能,将首层的轴网复制过来利用即可。这样,在其他楼层导入电子施工图时,只要与复制过来的轴网对齐,识别出来的构件就能与首层搭接起来。结合识别建模与手工建模,便可快速完成各个楼层的模型建立。

附录 A 实例工程部分报表输出

表 A-1 分部分项工程量清单

工程名称:例子工程

序号	项目编码	项目名称(包含项目特征)	单位	工程数量
		A.Ⅰ.1 土方工程		
1	010101001001	平整场地 (1)土壤类别:一、二类土;(2)弃土运距:200 m	m²	343.78
2	010101003001	挖基础土方 (1)土壤类别:一、二类土;(2)基础类型:独立基础;(3)垫层底宽、底面积:底宽<3 m,底面积<20 m²;(4)挖土深度:2 m以内	m³	6.00
3	010101003002	挖基础土方 (1)土壤类别:一、二类土;(2)基础类型:独立基础;(3)垫层底宽、底面积:底宽<3 m,底面积<20 m²;(4)挖土深度:大于2 m,小于4 m	m³	293.66
4	010101003003	挖基础土方 (1)土壤类别:一、二类土;(2)基础类型:基础主梁;(3)垫层底宽、底面积:底宽<3 m,底面积<20 m²;(4)挖土深度:2 m以内	m³	56.33
		A.Ⅰ.3 土石方运输与回填		
1	010103001001	房心回填土	m³	85.11
2	010103001002	土(石)方回填 (1)土质要求:密实状态;(2)夯填(碾压):振动压路机10 t内九遍;(3)运输距离:200 m内	m³	218.29
		A.Ⅲ.2 砖砌体		
1	010302001001	女儿墙 (1)砖品种:材料为标准红砖,强度等级为M5;(2)墙体类型:砌体墙;(3)墙体厚度:大于0.19 m,小于0.24 m;(4)墙体高度:4.5 m以内;(5)砂浆强度等级:M5	m³	9.31
2	010302001002	实心砖墙 (1)砖品种:材料为标准红砖,强度等级为M5;(2)墙体类型:砌体墙;(3)墙体厚度:大于0.06 m,小于0.12 m;(4)墙体高度:4.5 m以内;(5)砂浆强度等级:M5	m³	11.07

序号	项目编码	项目名称(包含项目特征)	单位	工程数量
3	010302001003	实心砖墙 (1)砖品种:材料为标准红砖,强度等级为 M5;(2)墙体类型:砌体墙;(3)墙体厚度:大于 0.12 m,小于 0.19 m;(4)墙体高度:4.5 m 以内;(5)砂浆强度等级:M5	m³	58.19
4	010302001004	实心砖墙 (1)砖品种:材料为标准红砖,强度等级为 M5;(2)墙体类型:砌体墙;(3)墙体厚度:大于 0.12 m,小于 0.19 m;(4)墙体高度:大于 4.5 m,小于 6 m;(5)砂浆强度等级:M5	m³	15.09
5	010302001005	实心砖墙 (1)砖品种:材料为标准红砖,强度等级为 M5;(2)墙体类型:砌体墙;(3)墙体厚度:大于 0.24 m,小于 0.3 m;(4)墙体高度:4.5 m 以内;(5)砂浆强度等级:M5	m³	113.18
6	010302001006	实心砖墙 (1)砖品种:材料为标准红砖,强度等级为 M5;(2)墙体类型:砌体墙;(3)墙体厚度:大于 0.24 m,小于 0.3 m;(4)墙体高度:大于 4.5 m,小于 6 m;(5)砂浆强度等级:M5	m³	53.37
A.Ⅲ.6 砖散水地坪、地沟				
1	010306001001	砖散水、地坪	m²	56.52
A.Ⅳ.1 现浇混凝土基础				
1	010401002001	独立基础 (1)垫层材料种类:混凝土;(2)混凝土强度等级:C20;(3)混凝土拌和料要求:现场搅拌机;(4)垫层厚度:100 m	m³	69.04
A.Ⅳ.2 现浇混凝土柱				
1	010402001001	矩形柱 (1)柱高度:4.5 m 以内;(2)柱截面尺寸:大于 1.8 m²,小于 2.4 m²;(3)混凝土强度等级:C30;(4)混凝土拌和料要求:预拌商品砼	m³	34.35
2	010402001002	矩形柱 (1)柱高度:4.5 m 以内;(2)柱截面尺寸:1 m² 以内;(3)混凝土强度等级:C30;(4)混凝土拌和料要求:预拌商品砼	m³	0.29
3	010402001003	矩形柱 (1)柱高度:4.5 m 以内;(2)柱截面尺寸:大于 1 m²,小于 1.8 m²;(3)混凝土强度等级:C30;(4)混凝土拌和料要求:预拌商品砼	m³	7.26
4	010402001004	矩形柱 (1)柱高度:4.5 m 以内;(2)柱截面尺寸:大于 2.4 m²;(3)混凝土强度等级:C30;(4)混凝土拌和料要求:预拌商品砼	m³	8.10

序号	项目编码	项目名称(包含项目特征)	单位	工程数量
5	010402001005	矩形柱 (1)柱高度:大于 4.5 m,小于 6 m;(2)柱截面尺寸:大于 1.8 m² ,小于 2.4 m² ;(3)混凝土强度等级:C30;(4)混凝土拌和料要求:预拌商品砼	m³	29.70
6	010402001006	矩形柱 (1)柱高度:大于 4.5 m,小于 6 m;(2)柱截面尺寸:1 m² 以内;(3)混凝土强度等级:C30;(4)混凝土拌和料要求:预拌商品砼	m³	0.25
7	010402001007	矩形柱 (1)柱高度:大于 4.5 m,小于 6 m;(2)柱截面尺寸:大于 1 m² ,小于 1.8 m² ;(3)混凝土强度等级:C30;(4)混凝土拌和料要求:预拌商品砼	m³	3.42
8	010402001008	矩形柱 (1)柱高度:大于 4.5 m,小于 6 m;(2)柱截面尺寸:大于 2.4 m² ;(3)混凝土强度等级:C30;(4)混凝土拌和料要求:预拌商品砼	m³	3.71
9	010402002001	异形柱(圆柱) (1)柱高度:大于 4.5 m,小于 6 m;(2)柱截面尺寸:大于 1 m² ,小于 1.8 m² ;(3)混凝土强度等级:C30;(4)混凝土拌和料要求:预拌商品砼	m³	1.53
A.Ⅳ.3 现浇混凝土梁				
1	010403001001	基础梁 (1)梁底标高:−1 500 mm;(2)梁截面:0.2 m² 以内;(3)混凝土强度等级:C20;(4)混凝土拌和料要求:现场搅拌机	m³	12.77
2	010403001002	基础梁 (1)梁底标高:2 600 mm;(2)梁截面:0.2 m² 以内;(3)混凝土强度等级:C20;(4)混凝土拌和料要求:现场搅拌机	m³	11.10
3	010403005001	过梁 (1)梁截面:0.2 m² 以内;(2)混凝土强度等级:C30;(3)混凝土拌和料要求:预拌商品砼	m³	10.21
A.Ⅳ.4 现浇混凝土墙				
1	010404001001	直形墙 (1)墙类型:砼墙;(2)墙厚度:大于 0.2 m,小于 0.4 m;(3)混凝土强度等级:C30;(4)混凝土拌和料要求:预拌商品砼	m³	49.39
2	010404001002	直形墙 (1)墙类型:砼墙;(2)墙厚度:大于 0.2 m,小于 0.4 m;(3)混凝土强度等级:C30;(4)混凝土拌和料要求:预拌商品砼	m³	0.876

续表

序号	项目编码	项目名称(包含项目特征)	单位	工程数量
		A.Ⅳ.5 现浇混凝土板		
1	010405001001	有梁板 (1)板厚度:大于 0.1 m;(2)混凝土强度等级:C30;(3)混凝土拌和料要求:预拌商品砼	m³	174.19
2	010405001002	有梁板 (1)板厚度:大于 0.1 m;(2)混凝土强度等级:C30;(3)混凝土拌和料要求:预拌商品砼	m³	121.61
3	010405003001	老虎窗平板	m³	1.08
4	010405006001	栏板(弧形)	m³	1.38
5	010405007001	飘窗挑板	m³	1.15
6	010405007002	天沟、挑檐板 (1)混凝土强度等级:C20;(2)混凝土拌和料要求:预拌商品砼	m³	3.05
7	010405008001	雨篷、阳台板	m³	5.60
		A.Ⅳ.6 现浇混凝土楼梯		
1	010406001001	直形楼梯 (1)混凝土强度等级:C30;(2)混凝土拌和料要求:预拌商品砼	m²	33.33
		A.Ⅳ.7 现浇混凝土其他构件		
1	010407001001	其他构件:压顶	m³	0.67
		A.Ⅶ.1 瓦、型材屋面		
1	010701001001	瓦屋面	m²	0.81
		A.Ⅶ.2 屋面防水		
1	010702001001	屋面卷材防水	m²	365.41
		A.Ⅷ.3 隔热、保温		
1	010803001001	保温隔热屋面	m²	127.07
		B.Ⅰ.2 块料面层		
1	020102002001	块料楼地面(地1) (1)垫层材料种类,厚度:80 mm;(2)找平层厚度、砂浆配合比:25	m²	283.70
2	020102002002	块料楼地面(楼1) (1)找平层厚度、砂浆配合比:25	m²	926.11
3	020102002003	卫生间地砖地面 (1)找平层厚度、砂浆配合比:15	m²	49.22

序号	项目编码	项目名称(包含项目特征)	单位	工程数量
		B.Ⅰ.5 踢脚线		
1	020105003001	块料踢脚线 (1)踢脚线高度:150 mm;(2)底层厚度、砂浆配合比:20;(3)粘贴层厚度、材料种类:块料面;(4)面层材料品种、规格、品牌、颜色:黑色面砖,150 mm×200 mm	m²	86.61
		B.Ⅰ.7 扶手、栏杆、栏板装饰		
1	020107002001	硬木扶手带栏杆、栏板	m	20.68
		B.Ⅱ.1 墙面抹灰		
1	020201001001	女儿墙抹水泥砂浆 (1)墙体类型:内墙;(2)底层厚度、砂浆配合比:5 mm,1：2;(3)面层厚度、砂浆配合比:5 mm,1：3;(4)装饰面材料种类:水泥砂浆	m²	40.98
2	020201001002	女儿墙外面抹白水泥沙浆 (1)墙体类型:外墙;(2)底层厚度、砂浆配合比:5 mm,1：2;(3)面层厚度、砂浆配合比:5 mm,1：3;(4)装饰面材料种类:水泥砂浆	m²	42.13
3	020201001003	墙面一般抹灰 (1)墙体类型:内墙;(2)底层厚度、砂浆配合比:5 mm,1：2;(3)面层厚度、砂浆配合比:5 mm,1：3;(4)装饰面材料种类:水泥砂浆	m²	1 031.29
4	020201001004	墙面一般抹灰 (1)墙体类型:外墙;(2)底层厚度、砂浆配合比:5 mm,1：2;(3)面层厚度、砂浆配合比:5 mm,1：3;(4)装饰面材料种类:水泥砂浆	m²	599.94
5	020201001005	老虎窗内墙面抹灰	m²	3.23
6	020201001006	老虎窗外墙面抹灰	m²	4.08
		B.Ⅱ.2 柱面抹灰		
1	020202001001	柱面一般抹灰 柱体类型:混凝土柱	m²	20.66
		B.Ⅱ.3 零星抹灰		
1	020203001001	零星项目一般抹灰:挑檐外装饰	m²	13.68
2	020203001002	零星项目一般抹灰:挑檐内装饰	m²	8.13
		B.Ⅱ.4 墙面镶贴块料		
1	020204001001	石材墙面 (1)墙体类型:外墙;(2)面层材料品种、规格、品牌、颜色:灰白色磨光花岗岩	m²	49.75
2	020204003001	块料墙面 (1)墙体类型:内墙;(2)面层材料品种、规格、品牌、颜色:白色暗花(150 mm×300 mm)	m²	374.76

续表

序号	项目编码	项目名称(包含项目特征)	单位	工程数量
3	020204003002	块料墙面 墙体类型:外墙	m²	988.76
4	020204003003	块料墙裙	m²	125.08
		B.Ⅱ.6 零星镶贴块料		
1	020206003001	块料零星项目:飘窗装饰	m²	24.00
		B.Ⅲ.1 天棚抹灰		
1	020301001001	天棚抹灰 (1)抹灰厚度、材料种类:12 mm,水泥砂浆;(2)砂浆配合比:5 mm时1:5,7 mm时1:7	m²	975.76
		B.Ⅲ.2 天棚吊顶		
1	020302001001	天棚吊顶	m²	404.09
		B.Ⅳ.1 木门		
1	020401004001	胶合板门	樘	29.00
2	020401006001	木质防火门	樘	2.00
		B.Ⅳ.2 金属门		
1	020402001001	金属平开门	樘	4.00
		B.Ⅳ.6 金属窗		
1	020406001001	金属推拉窗	樘	6.00
2	020406002001	金属平开窗 (1)窗类型:平开;(2)玻璃品种、厚度、五金材料:铝合金窗蓝色玻璃	樘	77.00

表 A-2　零星清单工程量汇总表

工程名称:例子工程

序号	清单编码	清单名称	单位	数量
1	020203001001	零星项目一般抹灰:雨篷装饰	m²	33.772
2	010302006001	零星砌砖:台阶	m³	8.739

表 A-3　措施定额汇总表

工程名称:例子工程

序号	定额编号	项 目 名 称	单位	定额工程量	定 额 换 算
1	1012-1	现浇混凝土基础垫层模板制安拆 木模板	100 m²	0.42	模板类型＝木模板
2	1012-32	现浇钢筋混凝土矩形柱模板制安拆 周长 1.0 m 以内 木模板	100 m²	0.05	外侧周长@（－∞,1.0）；柱子高度@（－∞,4.5]
3	1012-32	现浇钢筋混凝土矩形柱模板制安拆 周长 1.0 m 以内 木模板	100 m²	0.04	外侧周长@（－∞,1.0）；柱子高度@（4.5,6）
4	1012-34	现浇钢筋混凝土矩形柱模板制安拆 周长 1.8 m 以内 木模板	100 m²	0.66	外侧周长@（1.0,1.8）；柱子高度@（－∞,4.5）
5	1012-34	现浇钢筋混凝土矩形柱模板制安拆 周长 1.8 m 以内 木模板	100 m²	0.32	外侧周长@（1.0,1.8）；柱子高度@（4.5,6）
6	1012-36	现浇钢筋混凝土矩形柱模板制安拆 周长 2.4 m 以内 木模板	100 m²	2.60	外侧周长@（1.8,2.4）；柱子高度@（－∞,4.5）
7	1012-36	现浇钢筋混凝土矩形柱模板制安拆 周长 2.4 m 以内 木模板	100 m²	2.14	外侧周长@（1.8,2.4）；柱子高度@（4.5,6）
8	1012-38	现浇钢筋混凝土矩形柱模板制安拆 周长 2.4 m 以外 木模板	100 m²	0.40	外侧周长@（2.4,＋∞）；柱子高度@（－∞,4.5）
9	1012-38	现浇钢筋混凝土矩形柱模板制安拆 周长 2.4 m 以外 木模板	100 m²	0.19	外侧周长@（2.4,＋∞）；柱子高度@（4.5,6）
10	1012-42	现浇钢筋混凝土圆形柱模板制安拆 木模板	100 m²	0.13	外侧周长@（1.0,1.8）；柱子高度@（4.5,6）
11	1012-44	现浇钢筋混凝土基础梁模板制安拆 直形 木模板	100 m²	1.30	模板类型＝木模板
12	1012-57	现浇钢筋混凝土独立过梁模板制安拆 木模板	100 m²	1.11	模板类型＝木模板
13	1012-62	现浇钢筋混凝土墙模板制安拆 直形 墙厚50 cm内 木模板	100 m²	1.09	厚度@（－∞,0.5）；模板类型＝木模板；高度@（4.5,6）
14	1012-62	现浇钢筋混凝土墙模板制安拆 直形 墙厚50 cm内 木模板	100 m²	1.60	厚度@（－∞,0.5）；模板类型＝木模板；平面形状＝直形；高度@（－∞,4.5）
15	1012-62	现浇钢筋混凝土墙模板制安拆 直形 墙厚50 cm内 木模板	100 m²	0.07	面墙高@（－∞,4.5）；墙厚度@（－∞,0.5）
16	1012-72	现浇钢筋混凝土平板、肋板、井式板模板制安拆（板厚10 cm）木模板	100 m²	8.65	—
17	1012-72	现浇钢筋混凝土平板、肋板、井式板模板制安拆（板厚10 cm）木模板	100 m²	10.18	Hm@（－∞,4.5）；模板类型＝木模板；结构类型＝有梁板；坡度@（－∞,0.19）

续表

序号	定额编号	项 目 名 称	单位	定额工程量	定 额 换 算
18	1012-72	现浇钢筋混凝土平板、肋板、井式板模板制安拆(板厚10 cm)木模板	100 m²	2.14	Hm@(4.5,6];模板类型＝木模板;结构类型＝有梁板;坡度@(0.19,+∞)
19	1012-72	现浇钢筋混凝土平板、肋板、井式板模板制安拆(板厚10 cm)木模板	100 m²	0.07	顶板厚度＝0.100;面坡度@(0.19,+∞)
20	1012-81	现浇钢筋混凝土整体楼梯模板制安拆 普通型 木模板	100 m²	0.02	—
21	1012-81	现浇钢筋混凝土整体楼梯模板制安拆 普通型 木模板	100 m²	0.14	模板类型＝木模板
22	1012-81	现浇钢筋混凝土整体楼梯模板制安拆 普通型 木模板	100 m²	0.17	模板类型＝木模板;结构类型＝A型梯段
23	1012-85	现浇钢筋混凝土阳台、雨篷模板制安拆 圆弧形	100 m²	0.31	—
24	1012-86	现浇钢筋混凝土挑檐天沟模板制安拆	100 m²	0.52	—
25	1012-86	现浇钢筋混凝土挑檐天沟模板制安拆	100 m²	0.15	模板类型＝木模板
26	1012-89	现浇钢筋混凝土压顶模板制安拆	100 m²	0.14	—
27	1012-9	现浇钢筋混凝土独立柱基础模板制安拆 木模板	100 m²	1.23	模板类型＝木模板
28	1013-3	建筑综合脚手架搭拆(建筑物高度20.5 m以内)	100 m²	15.40	脚手架名称＝综合脚手架
29	1013-55	里脚手架 民用建筑 基本层3.6 m	100 m²	16.08	脚手架名称＝综合脚手架;CL＝0
30	1013-59	满堂脚手架 基本层5.2 m	100 m²	4.57	脚手架名称＝满堂脚手架;CL＝0

表 A-4　现浇钢筋汇总表

单位：t(吨)

工程名称：例子工程

序号	钢筋类型	钢筋级别	钢筋规格	总重	柱钢筋	梁钢筋	墙钢筋	板钢筋	楼梯钢筋	基础钢筋	其他钢筋	墙体拉接筋	圈梁筋	构造柱	过梁筋	暗柱筋	暗梁筋	措施钢筋
1	非箍筋	Φ	4	0.004							0.004							
2	非箍筋	Φ	6	1.336				0.787	0.044		0.089	0.416						
3	箍筋	Φ	6	0.749	0.025	0.412	0.021								0.291			
4	非箍筋	Φ	8	2.041				1.937			0.104							
5	箍筋	Φ	8	10.874	3.589	6.831	0.089			0.366	0.319				0.555			
6	非箍筋	Φ	10	19.336				18.462										
7	非箍筋	Φ	10	1.758			1.229		0.344	0.185	0.068				0.422			
8	非箍筋	Φ	12	0.675				0.184										
9	非箍筋	Φ	12	6.114		2.74	3.374											
10	非箍筋	Φ	14	1.711		0.07				1.64								
11	非箍筋	Φ	16	0.293	0.293													
12	非箍筋	Φ	18	2.584	1.577	1.007												
13	非箍筋	Φ	20	19.31	6.421	9.924				2.965								
14	非箍筋	Φ	22	4.637		4.637												
15	非箍筋	Φ	25	2.652		2.652												
				74.072	11.905	28.272	4.712	21.37	0.388	5.157	0.584	0.416	0.	0.	1.268	0.	0.	0.

注：墙钢筋不包含墙体拉接筋；措施钢筋包括板凳筋和垫筋。

表 A-5　现浇钢筋汇总表

工程名称:例子工程

单位:t(吨)

序号	钢筋级别	钢筋规格	总重	柱钢筋	梁钢筋	墙钢筋	板钢筋	楼梯钢筋	基础钢筋	其他钢筋	墙体拉接筋	圈梁筋	构造柱	过梁筋	暗柱筋	暗梁筋	措施钢筋
1	Φ	10	19.336				18.462			0.319				0.555			
2	Φ	8	12.915	3.589	6.831	0.089	1.937		0.366	0.104							
3	Φ	6	2.085	0.025	0.412	0.021	0.787	0.044		0.089	0.416			0.291			
4	Φ	4	0.004							0.004							
小计			34.340	3.614	7.243	0.109	21.185	0.044	0.366	0.516	0.416	0.000	0.000	0.846	0.000	0.000	0.000
1	Φ	12	0.675				0.184			0.068				0.422			
小计			0.675	0.000	0.000	0.000	0.184	0.000	0.000	0.068	0.000	0.000	0.000	0.422	0.000	0.000	0.000
1	Φ	10	1.758			1.229		0.344	0.185	0.000							
小计			1.758	0.000	0.000	1.229	0.000	0.344	0.185	0.000	0.000	0.000	0.000	0.000	0.000	0.000	0.000
1	Φ	25	2.652		2.651												
2	Φ	22	4.637		4.637												
3	Φ	20	19.310	6.421	9.924				2.965								
4	Φ	18	2.584	1.577	1.007												
5	Φ	16	0.293	0.293													
6	Φ	14	1.711		0.070				1.640								
7	Φ	12	6.114		2.740	3.374											
小计			37.300	8.291	21.029	3.374	0.000	0.000	4.606	0.000	0.000	0.000	0.000	0.000	0.000	0.000	0.000
			74.072	11.905	28.272	4.712	21.370	0.388	5.157	0.584	0.416	0.000	0.000	1.268	0.000	0.000	0.000

注:墙钢筋不包含墙体拉接筋;措施钢筋包括板凳筋和垫铁;本表汇总了工程中(图形构件、参数法构件)所有钢筋的工程数量。

表A-6 现浇钢筋汇总表

工程名称:例子工程

单位:t(吨)

序号	钢筋级别	钢筋直径	接头类型	接头总数/个	柱	梁	板	墙	基础	楼梯	暗梁	暗柱	构造柱	过梁	圈梁	其他构件
1	Φ	6	绑扎	25												
2	Φ	8	绑扎	53			53									
3	Φ	10	绑扎	423			423									
4	Φ	12	绑扎	4												
5	Φ	10	绑扎	282				282								
6	Φ	16	绑扎	20	20											
7	Φ	18	电渣焊	184	184											
8	Φ	18	双面焊	3		3										
9	Φ	20	电渣焊	602	602											
10	Φ	20	双面焊	66		30			36							
11	Φ	22	双面焊	60		60										
12	Φ	25	套筒	8		8										
				1 730	806	101	476	282	36	0	0	0	0	0	0	29

参 考 文 献

［1］ 深圳市斯维尔科技有限公司.三维算量软件高级实例教程［M］.2版.北京:中国建筑工业出版社,2009.

［2］ 中华人民共和国住房和城乡建设部,中华人民共和国国家质量监督检验检疫总局.建设工程工程量清单计价规范(GB50500—2013)［M］.北京:中国计划出版社,2013.

［3］ 中华人民共和国住房和城乡建设部,中华人民共和国国家质量监督检验检疫总局.中华人民共和国国家标准.房屋建筑与装饰工程工程量计算规范(GB50854—2013)［M］.北京:中国计划出版社,2013.

［4］ 王在生,王传勤.建筑及装饰工程算量计价综合案例［M］.北京:中国建筑工业出版社,2008.

［5］ 邵荣振,张子学,米帅.建筑工程实训案例图集［M］.武汉:华中科技大学出版社,2014.